KISHI MIKIA

住宅设计教程全图解

〔日〕岸未希亚 著
黄泽西 译

THE MOST
UNDERSTANDABLE
HOUSING
PLANNING SCHOOL

华中科技大学出版社
http://www.hustp.com
中国·武汉

有书至美
BOOK & BEAUTY

图书在版编目（CIP）数据

住宅设计教程全图解/（日）岸未希亚著；黄泽西译.—武汉：华中科技大学出版社，2022.2
ISBN 978-7-5680-7825-2

Ⅰ.①住… Ⅱ.①岸… ②黄… Ⅲ.①住宅-建筑设计-图解 Ⅳ.①TU241-64

中国版本图书馆CIP数据核字（2021）第273883号

住宅设计教程全图解
Zhuzhai Sheji Jiaocheng Quan Tujie

[日] 岸未希亚 著
黄泽西 译

出版发行：华中科技大学出版社（中国·武汉）　　　电话：(027) 81321913
　　　　　华中科技大学出版社有限责任公司艺术分公司　(010) 67326910-6023
出 版 人：阮海洪

责任编辑：莽　昱　陶　红
责任监印：赵　月　郑红红　　　封面设计：邱　宏

制　　作：北京博逸文化传播有限公司
印　　刷：艺堂印刷（天津）有限公司
开　　本：965mm×635mm　　1/12
印　　张：12
字　　数：144千字
版　　次：2022年2月第1版第1次印刷
定　　价：198.00元

前言

　　世界上的住宅和住宅布局种类繁多。对我们来说，住宅布局是再熟悉不过的东西了。这些布局，有的是住户自己构思的，有的是设计师和销售人员绘制的。不过，有多少人向别人请教过如何设计布局呢？也许很多人都是在无人请教的情况下，或阅读相关书籍，或询问公司前辈，或为满足客户需求，自己设计的。

　　在被称为"住宅作家"的建筑师门下锻炼出来的人，很可能因为"榜样在身边"而成为制作布局图的好手。但如果公司里没有值得学习的榜样前辈呢？就如同学习，如果你师从蹩脚教练，进步之路难免坎坷，依靠自创学习方法学到的东西也是有限的。因为学校里学习住宅设计的机会很少，所以也难怪建筑师的住宅设计讲座会如此广受欢迎。

　　令我深感幸运的是，我身边有位布局设计大师——在2015年辞世的吉田桂二老师，有幸能够与他共事。碍于篇幅，我无法详述桂二老师的生平事迹。他是一位致力于保护城市景观、用传统手法设计出精美日式住宅的建筑师。通过出版书籍和在各地开办讲座，他向大众积极传递了自己对布局和住宅设计的理念，相信他有很多粉丝，无论是专业的还是业余的。

　　住宅本身就是个需要考虑气候和当地风俗来进行打造的空间。它不应该只按照个人的品位来建造，更不应该在日本全国推行"一刀切"的统一风格。冈山县有适合冈山县的房子，新潟县有适合新潟县的房子。桂二老师一直在认真考虑，如何能教育日本各地的建筑师和施工者，使他们创造出根植于本民族文化的住宅。于是在2002年，他创办了"吉田桂二木建筑学校"。

　　从老师身边离开，至今已经8年多了。这些年间，我在地方建筑公司神奈川生态屋工作，设计了90多栋住宅。我把从老师那里继承过来的设计理念，与实际工作中积攒的经验相结合，融会贯通出一种风格。有人觉得在我身上看到了老师的影子，这是自然的，因为我觉得，桂二老师的设计手法，需要我们弟子继续讲述、传承下去。

CONTENTS

目录

CONTENTS

摄像　相原功/川边明伸/岩为/山田新治郎
设计　川岛卓也/大多和琴（川岛事务所）
印刷　SHINANO图书印刷公司

第 1 章　布局前的准备

PREPARATION

01

布局图的内行与外行

说起"布局图"，大家往往会认为它只是一张连外行人都能画出来的"粗略图"，但其实它是一种设计的"技术活"。那么，"外行的布局图"，或者说"初学者级别的布局图"和"专业的布局图"有何区别呢？首先，初学者（特别是业主本人）通常会先制定要求，继而把自己想要的东西、空间都堆在一起，房屋也就越堆越大。因此，如果业主说房子有40坪（日本计量单位，1坪约为3.3平方米），那么即使减去总坪数的10%，也就是以36坪面积的房子作为标准制作布局图，在大多数情况下也是足够的。其实，房屋大小主要由地皮和预算决定，因此往往不能如业主所愿。

说到地皮，即使是新手，至少也了解用地面积和容积率之类的概念，知道在这块地皮上最多可以建多少坪的房子。但如果考虑到停车棚、院子以及建筑周围的预留空间，可使用面积将会更小。此外，在地皮的实地观察中可以收集到很多信息，在决定建筑和房屋布局时，这些信息往往比业主的要求更重要。

因此，我们先来看看布局前的准备工作。首先是地皮现场的信息，包括地皮的查看方式和注意点，以及建筑布局和建筑模型的理论等内容。其次，我将就工程造价的概要以及房屋面积的内容，向大家介绍。最后，向大家说明如何倾听客户的需求，以便制定布局图。

布局图的内行与外行

02

地皮的好与差

如果是重建现有房屋，因为无法改变地皮，所以必须基于现有地皮的情况进行考虑。不过，由于业主长时间居住在这里，所以了解该地皮的居住环境、与邻居的相处模式、汽车噪声、风的流向等情况，这也是重建房屋的一大优势。

如果你购买的是一块新地，并且希望居住条件好一点，那么是不是好地皮，从价格上也能看出。好地皮的条件包括面积宽阔、形状是矩形（四边形）、南侧有街道（阳光充足）、转角路段、街道宽阔、地盘稳固、通风良好、视野广阔、靠近车站、住宅区安静等，不胜枚举。但是，由于客户支付的总金额是土地价格和建筑价格的总和，如果在土地价格上花费太多，

那么相应地，用在房屋上的预算就会被大大削减。因此，要对土地条件进行理性取舍。

不过，值得注意的是，即使是差地皮，也有价格高低之分。高度差在2米以上和有老旧挡土墙的地皮是需要"避雷"的典型例子。如果挡土墙无法保证安全性，重建会耗费大量资金；留着会影响建筑布局和基础结构。地基不好的地皮，改建过程中也需要花费额外的费用。而且，对于高度差较大的地皮或是斜坡而言，虽然可以巧妙利用高度差、通过设计来增加住宅的魅力，但一般来说，这种地皮建筑成本较高。

01. 好地皮
（东南侧转角路段、矩形、钢筋混凝土挡土墙、对面无房）

虽然东侧街道与该地皮路面有高度差，但钢筋混凝土挡土墙较新，所以房屋规划时不会出现问题

虽然东侧街道有车流，但前方街道几乎没有过往车辆，路段让人放心。路面宽度足有6米，房屋采光条件很好

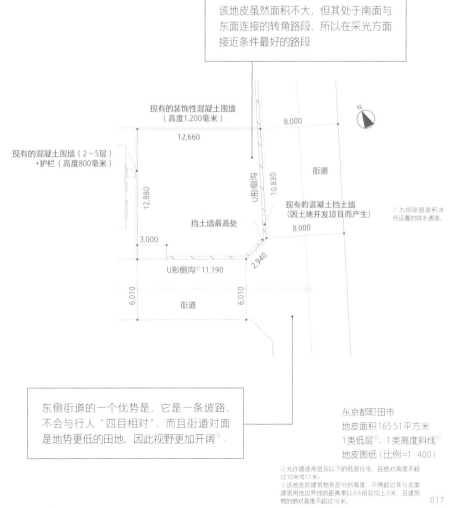

该地皮虽然面积不大，但其处于南面与东面连接的转角路段，所以在采光方面接近条件最好的路段

现有的装饰性混凝土围墙（高度1,200毫米）

现有的混凝土围墙（2~5层）+护栏（高度800毫米）

12,660

8,000

街道

U形侧沟

12,880

10,830

现有的混凝土挡土墙（因土地开发项目而产生）

挡土墙最高处

3,000

8,000

① 为排除路面积水而设置的排水通道。

2,940

6,010

U形侧沟 11,190

6,010

街道

街道

东侧街道的一个优势是，它是一条坡路，不会与行人"四目相对"，而且街道对面是地势更低的田地，因此视野更加开阔

东京都町田市
地皮面积165.51平方米
1类低层②、1类高度斜线③
地皮图纸（比例=1：400）

② 允许建造两层及以下的低层住宅，且绝对高度不超过10米或12米。
③ 该地皮的建筑物各部分的高度，不得超过其与北面建筑用地边界线的距离乘以0.6倍后加上5米，且建筑物的绝对高度不超过10米。

02. 好地皮

（街道或地块较宽阔、平坦、矩形、转角路段）

街道呈网格状，路面宽阔，房前有人行道。区域
内单位地块的面积大，住宅区的空间较为宽敞

这里处于北面与东面交会的转角路段，视觉上很开阔，
路面也宽，很吸引眼球

①北侧斜线：为保证房屋采光及通风的限高规定，即该地皮的建筑物各部分的高度，不得超过其
与北面建筑用地边界线的距离乘以1.25倍后加上5米。中间若隔着街道，房屋限高范围会变大。

虽然这里是1类低层住宅专用区域，但其优势
在于，由于紧靠北侧街道，容易避开"北侧斜
线"规定的限制

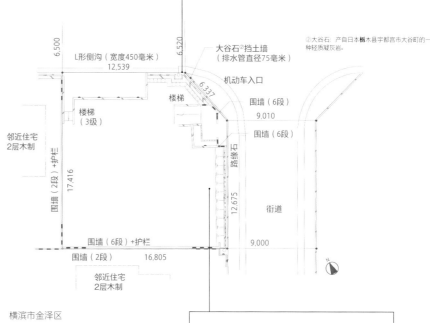

6,500　L形侧沟（宽度450毫米）
12,539

6,520

大谷石②挡土墙
（排水管直径75毫米）

②大谷石：产自日本栃木县宇都宫市大谷町的一
种轻质凝灰岩。

机动车入口

6,337

楼梯

楼梯
（3级）

邻近住宅
2层木制

围墙（2段）+护栏

17,416

围墙（6段）
9,010

围墙（6段）

路缘石

12,675

街道

9,000

围墙（6段）+护栏

围墙（2段）　16,805

N

邻近住宅
2层木制

横滨市金泽区
地皮面积282.14平方米
1类低层、风致地区③（30/60）
地皮图纸（比例=1:400）

③风致地区：为维持和保护自然风景，建筑物高度和建蔽率
被严格控制的区域。

如果要重建房屋，可以尽可能地利用现
有的院子和外部景观，以减少外部建设
工程的费用

03. 差地皮

（街道不足4米，地皮狭窄，房屋密集）

由于街道宽度不足3米，该地皮需进行"建筑退缩
（setback）"（街道宽度较小时，建筑需往地皮内后撤，
退让与边界线间的距离。这种方式叫作"退缩"）。有
种对面的房子建在眼前的感觉

地皮窄，周围被居民住宅包围

最严格的1类高度斜线是附近有两个楼盘
同时存在的情况，因此在设计布局时要同
时考虑屋顶的形状

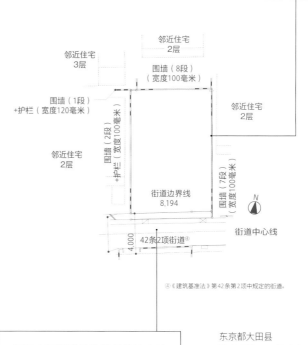

邻近住宅
2层

邻近住宅
3层

围墙（8段）
（宽度100毫米）

围墙（1段）
+护栏（宽度120毫米）

邻近住宅
2层

围墙（2段）（宽度100毫米）+护栏

邻近住宅
2层

街道边界线
8,194

围墙（7段）
（宽度100毫米）

N

街道中心线

42条2项街道④

4,000

④《建筑基准法》第42条第2项中规定的街道。

靠近南面街道的位置是差地皮的
最优解。但由于路面较窄，地皮南
面的建筑会处在阴影里

东京都大田县
地皮面积99.40平方米
1类低层、1类高度斜线、准防火地区⑤
地皮图纸（比例=1:400）

⑤准防火地区：政府为排除街道火灾隐患而划定的区域。
相较防火地区，准防火地区的限制条件较宽松。

04. 差地皮

（街道不足4米，可建3层住宅，邻地状况不确定）

西北侧邻地都是3层楼房，有种压迫感。街道也很窄，该地皮在出售时，已经完成"退缩"

这是一块可以建3层楼房的区域。"未来南面会建怎样的房子？""日照情况如何？"等不确定因素很多

从街道以及大路进来的入口太窄，大车无法进入。对于用车出行的人来说，这是个令他们倍感压力的环境

邻地木制
3层楼房

邻地混凝土围墙（2段）
护栏（高度600毫米）

邻地木制
3层楼房

邻地混凝土围墙（2段）

邻地边界线
5.206

邻地边界线
9.031

2.988

2层木制楼房
南侧邻地

邻地边界线 9.162

街道边界线
（退缩线）
7.287

护栏（高度600毫米）

邻地边界线 12.566

邻地出入口

空地（不计入地皮面积）

神奈川镰仓市
地皮面积127.78平方米/
1类中高层[1]、准防火地区、地下埋有文物
地皮图纸（比例＝1：400）

①1类中高层：允许建造3层及以上的部分中高层住宅。

这块地皮上有栋大房子被毁坏，仅有部分土地出售。西南侧有一栋两层楼房。地皮与楼房的旗杆相邻，让人稍感欣慰

05. 想避开的地皮

（2米以上的老旧挡土墙、没有车库）

虽然有一堵2米以上的老旧挡土墙，但根据《住宅建筑法》规定，这里是可以合法建房的。如果无法确定老旧挡土墙的安全性，就需要产生额外费用进行修补

由于房屋所在平面与路面间只有台阶，没有停车空间，所以打造车棚的外部建设工程的费用也很高

由于地处转角路段，与路面齐高的北侧楼房比这里低，因此这块地皮给人一种开阔感

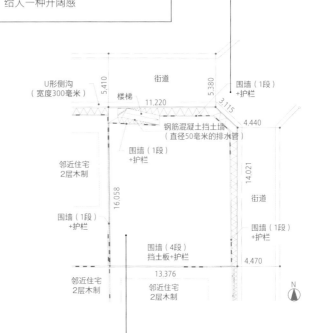

U形侧沟
（宽度300毫米）

街道

围墙（1段）
+护栏

5.410

楼梯

5.380

11.220

3.115

4.440

围墙（1段）
+护栏

钢筋混凝土挡土墙
（直径50毫米的排水管）

邻近住宅
2层木制

14.021

16.058

街道

围墙（1段）
+护栏

围墙（1段）
+护栏

围墙（4段）
挡土板+护栏

邻近住宅
2层木制

13.376

邻近住宅
2层木制

4.470

N

神奈川县镰仓市
地皮面积214.00平方米
1类低层、风致地区（40/80）
地皮图纸（比例＝1：400）

虽然是块宽阔的住宅区，但由于大规模地开发坡地，导致这块区域与路面高度相差较大的地皮有很多

03

建筑布局取决于街道

地皮与街道的关系也是设计前需要注意的一点。在大多数情况下，我们会在地皮上设置一房、一车、一庭院的布局。为保证采光，一大原则是将房子靠往地皮北侧，通常还会将车放在街道一侧、将庭院设置在地皮南侧，但这三样东西的布局会因街道的位置不同而略有变化。

如果地皮处于道路南侧，既没有受到邻近房屋的影响，又能确保采光，可以说是得天独厚的条件了。将房子设置在北面，将车"直角停放"（垂直式车位），靠近东面或西面。如果地皮东西侧较宽，就可以不在楼前设置车位；但如果场地东西侧窄小，就必须在房前安装车棚，这样就会影响布局，因此要规划好房屋与庭院、外部景观的连接方式。

如果地皮处于北侧道路，有个好处就是不需要考虑北侧斜线的问题。但位于地皮南侧的房屋往往靠得很近，因此空间窄、采光差是不可避免的。所以，同样较宽的地皮，南北侧比东西侧得更好，因为它本身可以保证采光。另外，在东西侧较宽（与地皮相接的道路较长）的地皮上，汽车可以"直角停放"，楼房可以靠近北侧，避开汽车。但如果楼房面宽较窄，那么可以将车"平行停放"（平行式车位）在路边，或者将车库建在一楼。

东侧道路或西侧道路的地皮条件是最差的，因为南侧有楼房紧靠，且受北侧斜线影响较大。与北侧道路的情况相同，比起东西侧，南北侧较宽的地皮更易采光。但现实是，面宽狭窄（东西侧较长）的地皮较多。尤其是在狭窄地段，要想获得采光和开阔感，唯一的办法是放弃南面空间，将临街的一面敞开。车一般直角停放，但根据地皮形状和建筑物形状的不同，放置方式也会发生变化。有的地方是通过平行停车的方式，将车与庭院明确分开；有些无法容纳汽车的狭窄地段，为了保证日照和采光，只能在南侧留出空间。

01. 南侧道路的地皮

[建筑物在北面，车和庭院在南面]

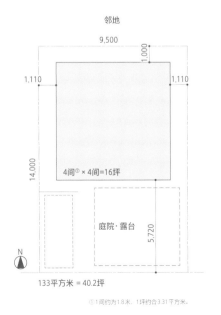

[如果东西侧较长，可将车放置在房屋的侧面]

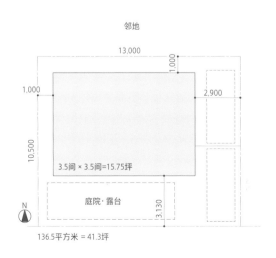

如果面宽（东西宽度）窄、进深（南北宽度）大，则要确保从屋内看不到停放在屋前的汽车。如果地段的面宽较宽，可以不配合建筑物的宽度，纵向设置两个车棚。无论是哪种情况，如果是南侧道路的地皮，由于庭院和外部景观较为醒目，因而要确保预算中有足够的资金用于外部建设工程。

02. 北侧道路的地皮

[车辆 "平行停放" 在建筑物的北侧]

[将车辆放在建筑物下方，并往北靠]

[如果东西侧较长，可将车放置在房屋的侧边]

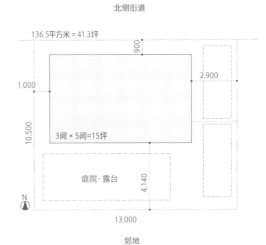

北侧街道房屋的特点是，如果面宽（东西宽度）窄，就难以打造车棚；如果进深（南北宽度）浅，就难以保证光照。需要多花心思，使外人站在街道处无法窥见屋内的庭院，或是挡住邻家的视线。还需要注意的是，北侧的外部建设容易煞风景。

03. 东西侧道路的地皮

[建筑物在北面，车和庭院在南面]

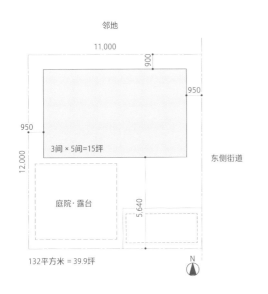

[使建筑物变成细长型，留出南面的空间]

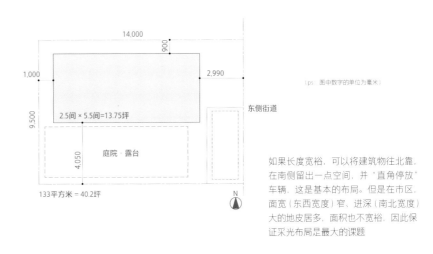

（ps：图中数字的单位为毫米）

如果长度宽裕，可以将建筑物往北靠，在南侧留出一点空间，并 "直角停放" 车辆，这是基本的布局。但是在市区，面宽（东西宽度）窄、进深（南北宽度）大的地皮居多，面积也不宽裕，因此保证采光布局是最大的课题

[在道路一侧设置车位和庭院]

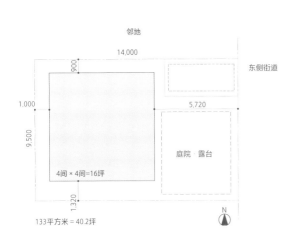

[使建筑物变成L形，同时在南面留出空间]

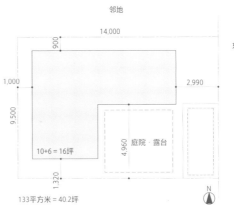

（ps：图中数字的单位为毫米）

如果理论行不通，就需要在设计上花些心思。可以放弃一层的光照和采光，采用 "倒转规划（将客厅设在二层）"；或是放弃南面的光照和采光，选择向道路一侧敞开。使建筑物变成L形或 "雁行" 形（大雁飞行时排成的 "人" 字形），使日照和采光更具层次感。我将在下一项内容中详述这种方法

建筑形状会因面积和周边情况而改变

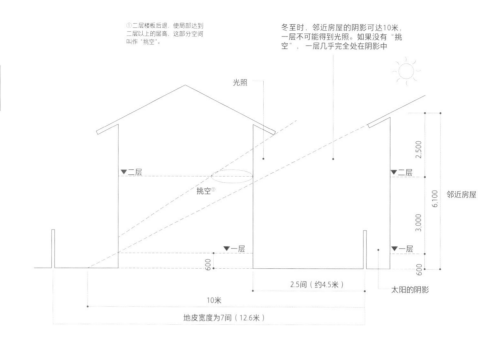

冬至和严冬期的日照

◎冬至（12月22日前后）

假定邻近房屋的房檐高度为6米，那么经太阳照射后投在地上的阴影长度约为10米，如此一来，一层几乎完全处在阴影中

①二层楼板后退，使局部达到二层以上的层高，这部分空间叫作"挑空"。

冬至时，邻近房屋的阴影可达10米，一层不可能得到光照。如果没有"挑空"，一层几乎完全处在阴影中

光照
二层
挑空①
一层
2.500
6.100 邻近房屋
3.000
600
2.5间（约4.5米）
10米
太阳的阴影
地皮宽度为7间（12.6米）

◎严冬期（2月）

假定邻近房屋的高度是6米，那么经太阳照射后投在地上的阴影长度约为7.8米。如果有"挑空"，一层也能获得光照

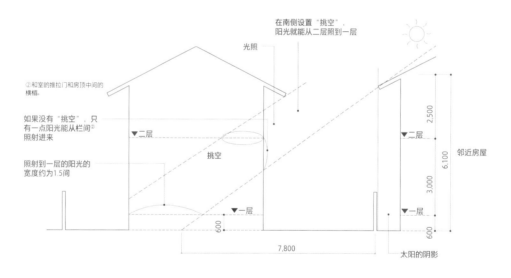

在南侧设置"挑空"，阳光就能从二层照到一层

②和室的推拉门和房顶中间的横楣。

如果没有"挑空"，只有一点阳光能从栏间②照射进来

照射到一层的阳光的宽度约为1.5间

光照
二层
挑空
一层
2.500
6.100 邻近房屋
3.000
600
7,800
太阳的阴影

如果是在市中心，那就要选择地皮面积超过60坪、基础设施完备的住宅区；如果是在乡下，选择地皮的面积理应更大，因此完全没必要考虑这个问题。但如果地皮面积较小，就需要在房屋的平面形状方面下功夫。

在南北进深较短的地皮上，如果将房屋做成最简单的矩形（长方形），房屋南侧的庭院的进深就不够了。如果房屋在南侧道路，至少能够确保光照；但如果在北、东和西侧道路，一层空间就晒不到太阳。

"倒转规划"是应对这种情况的方法之一。这是一种合理的布局规划。由于二层空间有条件保证光照，即使地皮南侧没有足够空间设置庭院，也可以通过将客厅搬到二层的方式，实现采光需求。即使维持原本的建筑物形状（矩形），也没有问题。有关"倒转规划"的内容，我将在第4章里详细介绍。

另一种解决方法是把建筑建成L形。虽然"L"的前端处于南侧邻近房屋的阴影中，但房屋后撤，留出了足够的空间设置庭院，同时也能确保光照。由于庭院被L形房屋的两侧包

01. 矩形平面图会使一层空间处于阴影中

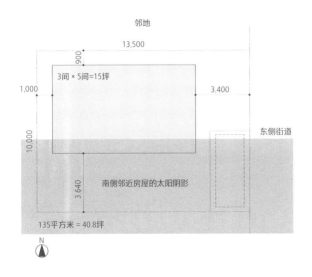

02. 利用L形平面图使采光具有层次感

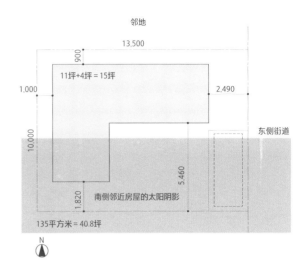

03. 地皮细长时的コ形平面图

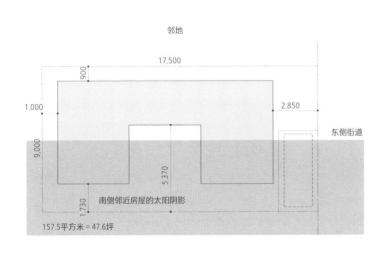

04. 南北侧较长时，将南侧建成平房
[将南侧建成平房的コ形平面图]

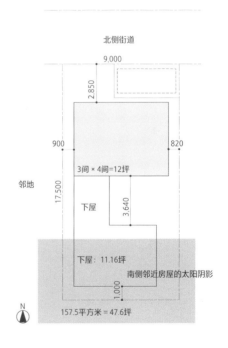

围，使其和房屋的连接也更紧密了，即使在住宅密集的区域，也能增强私密性。

　　如果地皮狭长，采用コ形设计（利用房屋的三面墙将庭院围起来），也可以起到很好的效果。"庭院型"（也叫"町屋型"）适合用于相对较大的房屋。通过打造中庭，产生一条通风的通道，即使阳光不直射进屋，也能通过外墙反射的光线，实现采光。因为室内空间被分割，尤其是连接处变窄，因此布局设计时会受到限制。虽然有这样的缺点，但也可以将庭院看作是室

内空间的延伸。在南北狭长的地皮上采用コ形设计时，需将南侧建筑建成平房，因为如果庭院南侧有二层建筑，北侧的一层建筑就会处于阴影中。一侧建筑较低时，房屋也更易通风，这是一种活用"町屋"智慧的结构，即使是在住宅密集的区域，空间也很容易保证采光、通风和隐私。

05

法规方面的注意点

对于乡下的宽阔地皮而言，这部分内容不是那么重要。但对于城市里房屋林立的拥挤住宅区而言，却是个关键问题。

对建筑形状影响最大的是"北侧斜线"。在1类低层住宅专用区域里，为保证邻近地区的居住环境，北侧斜线通常被设置为"高度5米+比例1.0∶1.25"的标准（即建筑物各部分的高度，不得超过其与北面建筑用地的边界线的距离乘以1.25倍后加上5米的高度）。受北侧斜线影响，建筑布局、房檐高度、出檐宽度（屋檐最远端与楼面间的宽度）均受限制。因此，除非压低建筑高度，否则无法通过北移建筑的方式来做出房檐。在城区里，还有一种更为严苛的北侧斜线（1类高度斜线），其标准为"高度5米+比例1.0∶0.6"。在这样的地皮上，为了北移建筑，常见的做法是把屋顶截断。我个人从来不认为"房屋没有屋檐"是件好事，但在"城市"这个特殊的环境下，实属无奈之举。

如果地皮较窄，建蔽率和容积率也是个关键问题。如果你建的是容积率100%的房子，玄关门廊和阳台可能造成建蔽率超出标准的情况。可将阳台地板做成格栅型，这样就不用计入占地面积；但由于建造大型阳台的人过多，引起了官方注意，所以有的地方自治体对此进行了限制。此外，由于不开放的阳台是包含在建筑面积中的，所以需注意不要超出容积率的标准。

准防火地区虽然不会对房屋布局造成大影响，但要尽可能将窗户设置在"火势蔓延线（邻近地区及道路起火时，火势可能蔓延的范围）"内。一个原因是建筑使用了木窗或全开窗扇；另一个原因是，现在防火窗的成本很高，仅是一扇窗就会给预算带来很大压力。另外，比起透明玻璃，带纱网的双轨推拉窗（防火规格）和使用透明玻璃、带百叶窗帘的双轨推拉窗（防火规格）的价格更低，所以使用百叶窗帘的情况也越来越多。如何处理与住宅不相配的坚固百叶窗，这也是设计中的一个课题。

01. 避开北侧斜线的"有檐房屋"

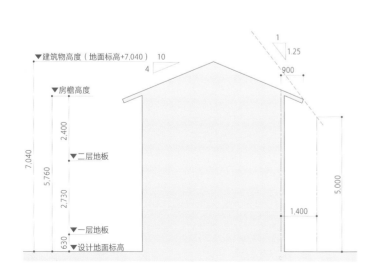

一般来说，建筑物应该靠往地皮北侧；但如果有屋檐，也需在北面留一点空间。在通过降低层高，将屋檐高度设置成5.760毫米的情况下，如果出檐宽度为900毫米，那么房屋需要与北侧邻地的边界线相距1.400毫米。如果将屋檐高度降低到5.500毫米左右，只需距其1.200毫米即可。但在现实情况下，只在北侧缩短出檐宽度的这种应急措施是不可避免的

02. 避开1类高度斜线的"有檐房屋"

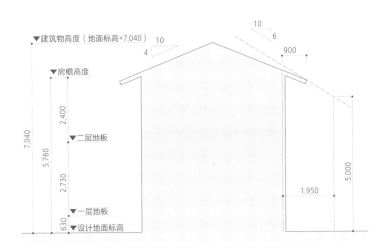

即使将屋檐高度控制在5.760毫米,如果出檐宽度设为900毫米,那么房屋至少要与北侧邻地的边界线相距1.950毫米;如果屋檐高度为5.500毫米,只需距离1.550毫米;如果屋檐高度降低至5.400毫米,只需距离1.350毫米。压低高度,比利用北侧斜线更有效果

03. 避开北侧斜线的"无檐房屋"

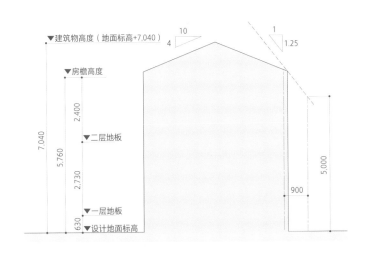

对于没有屋檐的房子,只需将房檐高度降至5.760毫米,采用900毫米的标准距离就足够了。即使将屋檐高度提高到6.000毫米,与边界线的距离也只需1.100毫米。从斜线限制的方面来看,还是"无檐房屋"比较有优势

①道路斜线:为保证道路光照及通风,避免给周围建筑带来压迫感,针对建筑物设置的限高规定。即建筑物各部分的高度,不得超过其与道路对面的边界线的距离乘以1.25倍或1.5倍。

04. 道路斜线①与屋顶的关系

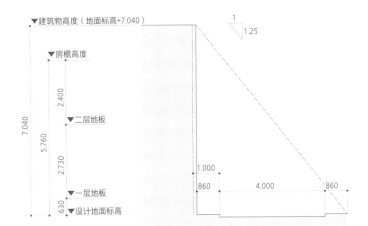

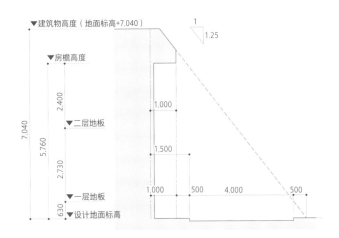

对于纵墙和横墙都没有屋檐的房屋来说,一方面,如果只有二层,就不需要考虑道路斜线的问题。另一方面,如果是双坡屋顶、入口设置在横墙的房屋,那么屋顶最高处附近的横墙侧房檐可能会"顶"到道路斜线

有的房屋会在最高处附近,将屋顶折成三角形,这种形状要尽可能避免。房檐如果往北斜侧线方向调整方位,同样有可能"顶"到从侧面画出的北侧斜线

06

别具魅力的地皮

上述四项内容，光看地皮图纸和勘察报告等资料就能看懂。但有些东西，不到现场是无法了解的，例如，你站在地皮上的感受。地皮周围的景色虽然很重要，但我们还要关注"周围的视线"——如邻近房屋的窗户、街道上的行人等。以此为参照，首先要做的就是找出地皮的最佳位置。如果你能想象"背对这边往那边看"或"房屋的这侧被墙挡住了"的场景，这些会成为你设计布局时的重要抓手。

虽然很少有能够独享山、海等自然景观的地皮，但如果能从地皮看到公园、寺院内部、河流及行道树等近在身边的风景，就没有理由不加以利用。悄悄借用邻居家的庭院或树木为自家增色，也不失为一个好方法。

另外，能想象从街道或邻地的角度看到建筑物的样子，也是很重要的。如果周围房屋的形状很乱，设计时就难以找到头绪。在具有整体感的街道或住宅区里，建一栋彰显自我风格的房子，或许是不错的选择。理想的状况是可以建造一栋既与周围环境相协调、又大气庄重的房子。

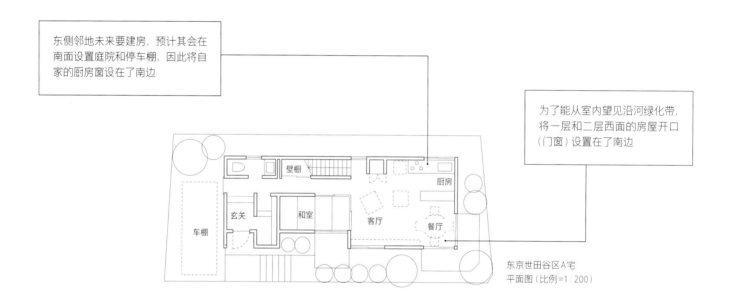

东侧邻地未来要建房，预计其会在南面设置庭院和停车棚，因此将自家的厨房窗设在了南边

为了能从室内望见沿河绿化带，将一层和二层西面的房屋开口（门窗）设置在了南边

东京世田谷区A宅
平面图（比例=1：200）

01. 可以望见沿河及附近绿化的地皮

房屋的开口（门窗）聚集在墙壁转角，不仅能让视野更开阔，还能用较少的窗户获得采光和空间的开阔感

在路的尽头（房屋与房屋之间），可以看见贯穿西侧的沿河绿化带

02. 自家农田在北面的地皮

这是一块由自家农田改造而成的地皮，北侧是休耕地

二层的兴趣空间有4扇双轨推拉窗，从这里可以看到房屋北面的全景

> 将宽阔的客厅设在光照良好的南面，将餐厅和厨房设在北面，如此一来，便可一直享受窗外的静谧景色

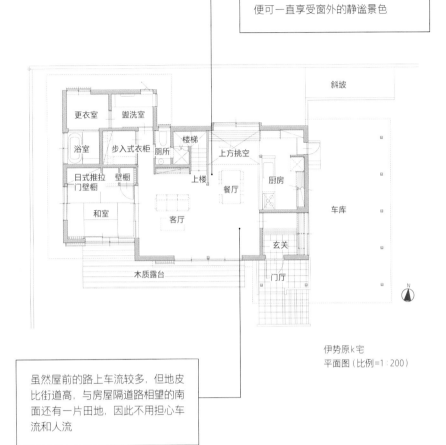

伊势原k宅
平面图（比例=1:200）

> 虽然屋前的路上车流较多，但地皮比街道高，与房屋隔道路相望的南面还有一片田地，因此不用担心车流和人流

03. 地皮面对着种有行道树或铺有绿地的人行道

> 将平时利用率不高的榻榻米房间设在西侧，如此一来，打开纸拉门后就可以利用行道树的景观为自家布局增色

在和室墙上挂画和陈设装饰物品的地方

滨松M宅
平面图（比例=1:200）

> 虽然人行道的绿化很多，但客厅容易暴露在街道的"众目睽睽"之下，因此不要将客厅或餐厅设在人行道的对面

这里是新建的住宅区，人行道宽阔，沿街能看到行道树和植被

透过榻榻米房间的窗户，可以利用窗外人行道的绿化和行道树为自家增色。将房屋开口设置在墙壁转角，加强了内外一体的感觉

04. 视野开阔的高地势地皮

地皮地势高，背靠青山，东南方向视野开阔

用于工作、面积6叠（1叠约1.55平方米）的书房里设有1扇横窗，通过这种方式，利用树木茂盛的东南侧山峰为自家增色

从二层的儿童房和学习角的窗户、阳台，也可以眺望外面的景色

镰仓Y宅
平面图（比例=1：200）

将户主的书房设在了视野最好的二层南侧。由于一层的视野也不错，所以将客厅、餐厅和厨房直接设在了一层

05. 向下俯瞰可以看见海和海岸线的山间坡地

坡面向东侧倾斜。施工前，这里有一片树龄60年的扁柏树林，经过砍伐、晒干、锯切后，将树木制成了地基和柱子

由于在建筑物的拐角处设置房屋窗户，所以从客厅往外看，可以看到开阔的全景景色

使房屋朝东的同时，出于获取南面光照及最大限度降低费用的目的，将房屋设置成了〈形

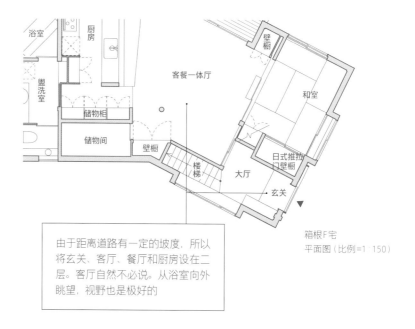

箱根F宅
平面图（比例=1：150）

由于距离道路有一定的坡度，所以将玄关、客厅、餐厅和厨房设在二层。客厅自然不必说。从浴室向外眺望，视野也是极好的

先定预算，再找土地

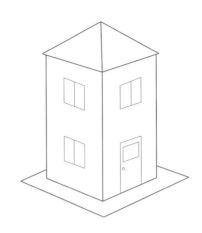

地价会随着条件的变好而上涨，比如地处颇受欢迎的私营铁路沿线、方便上下班和上下学的城镇，或是靠近车站的地方。便利固然要紧，但围绕在生活周围的充裕空间更重要

02. 在土地上花费过多，导致房屋的预算不足

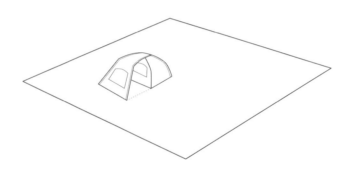

将大半的房屋预算花在土地上会怎么样？结果就是在昂贵或宽阔的土地上住着便宜的房子，这可不是什么有趣的事情

对于从父母那里得到土地的人以及只需重建房屋的人来说，"先定预算，再找土地"这句话无关紧要，但对于还要购买土地的人来说，却是很重要的一点。比如，如果一个人的总预算是5,000万日元，花了3,000万日元买地，那么工程造价就只剩下2,000万日元。这对生活在乡下的人来说，或许是一笔难以置信的高额费用，但在城市里，人们花在土地上的钱比花在建筑上的更多。因此，必须对房子的工程造价做到心中有数。

第一步是确定房屋预算，考虑在面积、规格、设计、施工能力等方面重视什么，妥协什么。如果能从总预算中减去房屋预算，用剩余的金额去寻找土地，那么就不会产生费用相互挤压等两难情况，这也是最理想的方式。你还可以想象一下，如果看中的土地比预期贵了100万日元，可以砍掉建筑的哪些部分？

这里还推荐大家可以再进一步——在寻找土地前先决定委托哪家公司进行设计或施工。虽然客户只看地皮是想象不出要建什么样的房子的，但此举是为了在买地时可以参考专业人士的建议。

03. 寻找与理想房子契合的土地

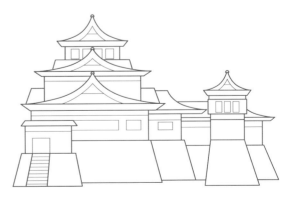

这并不是普遍做法，但我认为，先想好自己的"理想房子"，然后再寻找地皮盖房，也不失为一种好办法

决定工程造价的六大要素

01. 面积

从地基、木材、屋顶、室内外装潢等看得见的项目，到临时设施工程和处理余泥渣土等，工程造价与房屋的面积成正比

你是否觉得工程造价越便宜越好？答案是否定的。你必须明白，要想盖座好房子，就得有相应的花费。影响工程造价的因素可以集中至以下六个方面：（1）面积；（2）性能；（3）材料；（4）设计；（5）施工能力；（6）施工企业的经营能力。

最好理解的是"面积"。工程造价与房屋大小成正比。

"性能"虽然包含很多方面，但我们这里指的是：包含隔热性在内的"舒适度"。例如，通过增加屋顶、墙体和房屋开口的隔热性，可以提高舒适度，但工程造价也会随之提高。现在，这项"性能"已经被量化，成了一个简单易懂的指标。"材料"这个因素也很好理解。比如天然实木比胶合板贵，抹灰比乙烯布贵等，单价的差异也会引起工程造价的变化。如果估价变高，往往可以通过更换材料来降低成本，但这只是六大因素的其中之一。

乍一看，"设计"似乎与工程造价无关，但不寻常的设计、特殊的设计尺寸、困难的装修风格都可能是增加成本的因素。而且好的设计也会随之产生设计费，因此它对工程造价的影响不可小觑。

"施工能力"指的是各工匠技术能力的总和。此外，工头的能力也同样重要。虽然简单的工作也可以由技艺不精的工匠或工头来完成，但如果雇佣能处理复杂和精细工作的工匠，工艺效果会更好。但另一方面，人工成本的增加也会导致工程造价上升。

02. 性能

可以通过改变隔热材料的种类、厚度以及窗扇的种类，提高隔热性能。从房屋结构上来说，巩固地基、使用防潮性能较强的国产材料或强度高的木材，也会使价格有所差异。而提高抗震性能的同时，也会增加了施工的工程量

03. 材料

材料这个因素，即使是对于外行人也很好理解。从结构材料、屋顶、外墙，到室内装潢的地板材料、墙面材料、吊顶材料等，如果使用质量好、对人体安全健康的材料，费用会更高。对比一下所谓的天然材料和新型建材，就不难理解了

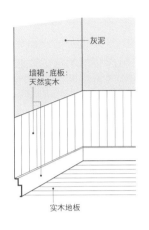
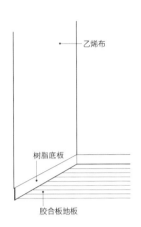

04. 设计

住在外观气派的房子里，肯定要比住在外观不好看的房子里好。但气派的房子必然需要花钱。因此，考虑如何设计一座外观气派且不会花费太大的房子，也是很重要的

05. 施工能力

对于土木工程公司和建筑公司而言，施工能力是摆在首位的。如果没有将设计图纸落地的能力，也没有在施工现场调整设计的能力，就无法打造出一座好房子。性能和材料第二天也能及时调整，但施工能力却不是一朝一夕就能改变的

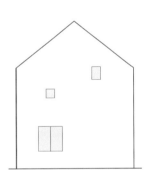

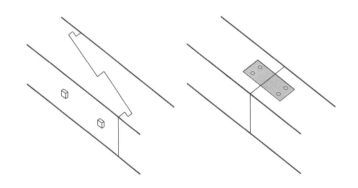

"施工企业的经营能力"指的是企业破产的风险。当然，除未来5年、10年的房屋维护外，还希望施工企业能为房屋提供保障，如果企业在施工过程中破产倒闭，房屋维护得不到保障就会产生很多麻烦。基于以上原因，选择大型房屋建筑商或许较为安心。但由于规模大、宣传成本和业务员的人工费用高，成本变高也是不可避免的。但另一方面，如果企业秉持"接单优先"原则，过分削减利润，就无法使公司良性运转，因此要小心过于便宜报价的建筑商。

06. 施工企业的经营能力

有关企业经营方面的话题，虽然稍微超出了房屋建设的范畴，但它和工程造价却有着密不可分的关系。如果施工企业是家族企业，工程造价的成本就低；如果是个广告多、规模大的公司，工程造价的成本就高。与实际不相符的"乱来"式经营模式是很危险的

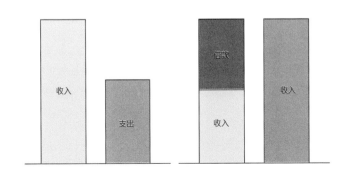

缩小概算与精算的误差

在建筑施工中，通常用"每坪单价"来概算工程造价。工程造价分为主体工程造价、设备工程造价、外部工程造价、设计监理费用、各种费用等。"每坪单价"根据其包含范围的不同而不同。因此，如果只关注"每坪单价"，是无法作为指标，继而发挥作用的。决定"每坪单价"的因素见前面提到的第（2）至（6）点。这些因素包括性能的优劣、材料的差异、对设计风格的执着程度、施工水平的优劣、施工企业的利润是多是少、是否合适等。

因为设计事务所的选择范围很广，因此在设计前要调整上述因素的比重平衡点。一般来说，"设计"和"施工能力"的

比重较高，"性能"和"材料"的比重往往较低。此外，如果成本管理能力薄弱，最初的概算与设计后的精算之间可能存在较大差异，这点必须注意。

如果施工公司还负责设计，公司往往会根据第（2）到（6）点的比重，自行决定标准规格，因此选择公司时只需看"每坪单价"即可。这些公司有很多种：重视性能的公司、重视材料质感的公司、重视设计的公司、技术水平高的公司、可以放心信赖的公司、价格低廉的公司。公司的特征和"每坪单价"就取决于它如何平衡这些因素。

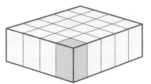

[包括外部景观、设计、消费税在内的总金额]

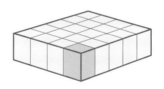

[建筑主体工程+设备工程的金额]

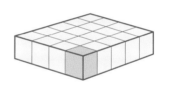

["苗条"的建筑工程费用，其余费用会后续追加]

01. 对每坪单价的印象

即便是建筑主体工程，如果将木材、窗框、饰面材料的档次定得很低，客户第一印象就会觉得成本价格很低。但我也听到过这样的故事：随着设计的推进，追加项目越来越多，到最后多花了几百万日元。

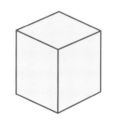

[每坪单价85万日元
（2,550万日元÷30）]

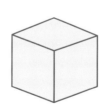

[每坪单价70万日元
（2,100万日元÷30）]

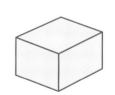

[每坪单价45万日元
（1,350万日元÷30）]

02. 一位建筑师为不同客户设计风格各异的房子

建筑师

刨去那些风格固定的建筑师，其余建筑师都可以根据客户的需求，设计不同的房子。除了改变性能和材料，向不同施工公司询问报价，这也是降低工程费用的常见手段

03. 每个土木工程公司建的房子都有所不同

根据客户的要求改变性能或材料的情况是极少的。因为施工费也基本不变，所以公司不同，工程费用也就不同。除非采用特殊的设计，否则概算金额与设计后的预算不会产生太大误差

在规划前先决定房屋的面积

如果建筑预算的上限已经确定，那么建筑面积就直接由预算和"每坪单价"决定。也就是说，由于在设计过程中不能随意增加面积，所以在设计之初就必须确定房屋的面积，并在这个范围内打造布局。

另外，房屋面积也会受客户需求的影响而改变：理想中的房屋面积和实际可建造的面积不一定相同，因此在考虑布局前，需要对两者进行调整。

首先，列出你想要的房间和它的面积。但不需要列出玄关、浴室、厕所等，因为即便是不同的房子，这些区域的面积也相差不大。此外，储物空间、开放空间、挑空等受房间宽裕程度影响的因素也不包括在内。对于一般的房屋，需要列出客厅、餐厅、和室（客房）、卧室、儿童房等。通过累计求和，再乘以"平面系数"，就能得出房屋的总面积（总建筑面积）。这个平面系数从1.6到2.0不等，我们暂且先用1.8来计算。

例如，客厅10叠，餐厅7叠，厨房5叠，和室6叠，卧室8叠，儿童房6叠×2间，合计48叠（24坪），乘以1.8就变成了43.2坪。但是，如果在预算内最多只能建38.4坪，那么在预期的面积上，平面系数就会降到1.6（38.4坪÷24坪=1.6）。

在这个数值下，各种储物空间会变少，开放空间和挑空也得去掉。如果你留出宽裕的空间，使用系数1.8，就要将面积减少到42.5叠左右（38.4坪÷1.8×2=42.6叠）。整体面积要缩小5.5叠，比如做出以下调整：餐厅缩小1叠，和室和两个儿童房各缩小1.5叠。

平面系数虽不是万能的，但使用时也需要不断熟练。不过，在听取客户的需求面积和预算后，可以当场计算出房屋面积，然后进行调整。比起建房后再削减尺寸，我认为这是一种更为顾客着想的方法。

面积一加再加，布局不仅会变得很大，形状也会变得扭曲

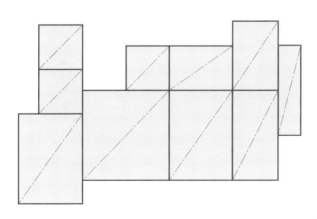

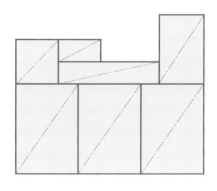

在考虑布局的时候，如果你是一个不需要考虑地皮大小和工程费用的客户，也许这样说就可以了："我试着算了一下，就变成这样了。"但一般情况下，房屋面积是由地皮和预算等外部因素决定的。只有经过周到的准备，才能造出面积和形状都适宜的好房子

1

确定整个房屋的规划面积

$$\boxed{规划面积} = \boxed{工程造价} \div \boxed{每坪单价}$$

首先对建筑物的规格和性能进行考察，以规格65万日元/坪为目标，根据预算套用除法公式，计算出建筑面积。如果想建规格70万日元/坪的房子，就要像公式B那样压缩面积。

如果将工程造价定为2,500万日元：
65万日元/坪的房屋面积=2,500万日元÷65=38.4坪
70万日元/坪的房屋面积=2,500万日元÷70=35.7坪

▼

2

算出所需的房间面积

列出所需的房间和区域，并计算出所需房间的总面积。这个总面积，即为客户要求的必要面积的标准。

客厅	10叠
餐厅	7叠
厨房	5叠
和室	6叠
卧室	8叠
儿童房1	6叠
儿童房2	6叠

合计：48叠（24坪）

▶

3

算出平面系数

$$\boxed{平面系数} =$$

$$\boxed{规划面积} \div \boxed{所需房间的总面积}$$

将第一步中求出的规划面积除以第二步求出的所需房间面积，就可以得出一个表示房屋宽敞程度的系数。按左半页的数据计算，如果该数值不在1.6～2.0的范围内，说明房屋布局的各要素间缺乏平衡。

65万日元/坪的房屋面积：$\boxed{38.4坪} \div \boxed{24坪} = \boxed{1.60}$

→虽然不太宽敞，但是符合房屋成立的要求

70万日元/坪的房屋面积：$\boxed{35.7坪} \div \boxed{24坪} = \boxed{1.48}$

→不符合房屋成立的要求

宽敞度不足的布局：

$\boxed{24坪} \times \boxed{1.60} = \boxed{38.4坪}$

→65万日元/坪的规格，勉强符合房屋成立的要求

标准宽敞度的布局：

$\boxed{24坪} \times \boxed{1.80} = \boxed{43.2坪}$

→宽敞度符合标准，但建不了

▼

4

对所需房间的面积等进行调整

通过减少每个房间的面积或取消房间，来减少房屋的整体面积。

客厅	10叠→8叠
餐厅	7叠
厨房	5叠
和室	6叠
卧室	8叠→6叠
儿童房1	6叠→4.5叠
儿童房2	6叠→4.5叠

合计：48叠（24坪）→41叠（20.5坪）

■压缩各房间面积时的平面系数

65万日元/坪的房屋面积：$\boxed{38.4坪} \div \boxed{20.5坪} = \boxed{1.87}$

→储物空间等较大

70万日元/坪的房屋面积：$\boxed{35.7坪} \div \boxed{20.5坪} = \boxed{1.74}$

→储物空间等的配比均衡

■将系数保持在1.6附近（本例中为1.7），也能够尽可能保持房间的数量和面积不变

65万日元/坪的房屋面积：$\boxed{38.4坪} \div \boxed{1.7} = \boxed{22.5坪}$

→将两个儿童房各缩小至4.5叠即可

70万日元/坪的房屋面积：$\boxed{35.7坪} \div \boxed{1.7} = \boxed{21坪}$

→去掉和室即可

11

整理需求

01. 听取客户意见

02. 将客户需求浓缩至5个

03. 使需求更具叙述性

客户的需求是打造房屋布局时的一大要素。但如果只是一味地听取客户的需求，也是不够的。因为客户自身也无法描绘出房子的全貌，往往不知道自己真正想要达到的效果是什么样的。因此，设计师不仅仅要接受客户的需求，更要面对面地"听取"（直接听取客户需求）。

听取客户需求时，要将焦点放在生活的内容上。不是把所有需求机械地融合起来，而是要为客户设身处地的着想，思考其现在和未来的生活。如果客户需求很多，就得把它们分出优先级并加以整理，要让客户明白他真正需要的是什么，可以放弃优先级低的需求。如果要求太多，设计师为了满足这些要求就会手足无措；如果要求较少，熟练的设计师就能充分发挥自己的才能。站在客户的角度看，找一个值得信赖的设计师是尤为重要的。

如果由于某些原因无法听取客户需求，不妨准备一张需求听取单，请客户填写，以作听取环节的参考。这样一来，就可以向客户确认一些易被忽略的事情，比如车的类型、自行车的数量、家具的类型和大小，以及是否关心房屋风水等。

04. 多达60个项目的详细需求清单

05. 听取客户意见的事项

A.
家庭成员

从最简单的"家里有谁"这一问题开始了解，不过孩子的年龄和性别也很重要，因为会影响儿童房的设计风格。如果想调低房间内部的高度，需要询问每个人的身高。

▶

B.
对"家"的基本想法

这与后面要问的"生活方式"也有关系。首先要问清楚这个家庭人员对家的定位是什么。例如，是以育儿为中心的生活，还是没有孩子、只有大人的生活。房屋的"性格"会因此有很大变化。

▶

C.
家庭的生活方式

这会成为客厅和餐厅设计时的参考，因为它们是家人们共享时间和空间的地方。询问他们晚饭后和其他时间都是在哪里、怎样度过的，包括平日和休息日的过法的差异。

▶

D.
个人的生活

在确定供个人单独使用的空间时，可以将它作为参考。询问有无特殊空间需求或需要存放的特殊物品。同时，通过询问工作、兴趣爱好、喜好等，也有助于加深与家庭成员的沟通。

E.
对儿童房的想法·育儿

需要询问客户对于亲子间沟通的想法。这会反映到儿童房的打造方式上。例如，是根据孩子的成长情况来划分不同房间，还是让孩子从小就管理自己的房间？

▶

F.
房间的具体需求

想要的房间和面积，往往是不能照搬进现实的。是否真的需要那个房间、那样的面积，往往需要专业人士给予建议。请务必确认客户已有家具的尺寸。

▶

G.
今后家庭成员的变化

5年后、10年后、30年后，家庭会变成什么样子？尤其需要确认的是，孩子长大后，儿童房应该如何改造的问题。另外，还要确认客户是否和父母一起生活，以及自身的晚年生活方式。

▶

H.
将结果写下笔记，或者记入听取需求单

B. 对"家"的基本想法

□ 让家庭成员之间有亲近感——宽敞的布局
□ 重视个人生活——独立性高的布局
□ 重视待客之道——以客房为优先的布局

C. 家庭的生活方式

◎ 平日和休息日里，您家人的生活方式是怎样的？
□ 不仅仅是吃饭时间，我和家人共处的时间很多
□ 和家人一起吃饭，但饭后各自回到不同的地方
□ 和家人不经常在一起吃饭

◎ 关于地座和椅座
□ 在餐厅的饭桌，坐在椅子上吃饭，饭后坐在沙发上
□ 在榻榻米桌，坐在坐垫上吃饭，饭后坐或躺在地上

D. 个人的生活

询问丈夫：回家后在哪里做些什么？休息日做些什么？有何兴趣？
[   ]

询问妻子：在外工作，还是一天都在家中？
有何兴趣，今后是否有想尝试的新事物？
[   ]

询问孩子：回家后在哪里做些什么？休息日在家吗？
有何社团活动和兴趣爱好？
[   ]

F. 房间的具体需求

想要的房间和面积：总面积由预算决定，在此仅作为大致参考。
[   ]

屋内设施的大致情况：用燃气还是全部电气化，供暖和制冷系统怎么处理？
[   ]

[分析的要点]

▶ 这部分问题与家庭成员有关。如果是以育儿为主的家庭，要选取宽敞的布局；如果是只有大人、没有小孩的家庭，要选取独立性高的布局；如果是要重建"日式庄园"般的大房子，且亲戚们常来，则要选取客房优先的布局。但对有些人来说，布局方式可能介于这两者之间，这要通过与客户的交谈去寻找合适的布局。

▶ 使家庭空间的打造方式产生决定性差别的，是地座和椅座的区别使用。有的人觉得现在住着的房子小，放不下沙发，建了新房就想放沙发；也有的人觉得沙发使用率低，因此想用地座。鉴于诸如此类的情况，最好一边比较现在和未来的生活，一边听取客户需求。

▶ 如果要了解客户是否需要在屋内设置特殊空间，不仅要看他的需求，还要从他实际的生活情况入手。比如，是需要一个专门用作书房的房间，还是在客厅划出一角用作读书角。此外，还要确认储存物品的数量，比如兴趣爱好或社团活动等用到的大型工具、大量衣服等。

▶ 询问所需房间的面积是一般做法，但最好是活用第34页的流程图，当场计算出房屋面积，然后当场作答。如果在计划书阶段就说"因为放不进房屋布局里，所以把厨房做小了"，这样不免让客户失望。设计师可以通过设备的信息，获取厨房的规格、制冷和供暖设备的安装空间、管道路线等。

12

家人聚集的场所与生活方式

　　我认为，客厅和餐厅是家人相处时间最多的地方。这个空间可以有多种形式，因此听取客户意见是绝对必要的。既有"餐桌+沙发"这种固定搭配，也有人喜欢席地而坐，而不是坐沙发。即使是地座，也会因地板上铺的是毛毯还是榻榻米，而使房屋空间发生变化。再进一步的话，即使是选择铺榻榻米，也有不设置区域隔断、只嵌进地板的榻榻米，和"榻榻米房间+茶室"这种和室相连的连通房类型。如果面积不宽裕，建议将作为客房使用的和室放置在客厅旁边，打造一个"茶室客厅"。

　　如果空间有限，或者家里没有年幼的孩子，可以省去客厅，打造一个以餐厅为中心的空间。放一块大的餐桌，既可

用于多种功能的使用方式，如座面较低的椅子或固定脚炉，还能打造成久坐不累的舒适风格。如果是可供1～2人坐的椅子（沙发），可以间隔一点距离放置。茶室原本指的是用于吃饭和家人团聚的榻榻米房间。因此，在主要的用餐时间，有时会使用榻榻米桌，在这种情况下，就不需要餐桌了。如果在厨房对面设置了吧台式餐厅，使用起来就会很方便：如母亲可以一边煮饭一边喂孩子等，在想要简单解决早饭和晚饭的时候，这种布局也很有用。此外，跳出思维定式，思考原创设计也很有趣。

01. 大人住的房子以餐厅为中心
大矶T宅 | 平面图（比例=1：150）

家里只有大人的话，客厅和餐厅是主要的用餐空间，客厅不需要太大

把榻榻米空间打造成小榻榻米角的话，榻榻米座面的高度就和椅子的高度统一了，可以共用一张桌子

02. 以大桌为中心，客厅兼用餐厅
藤泽K宅 | 平面图（比例=1：150）

来客人的时候，经常多人围坐在饭桌吃饭，所以使用了加长餐桌

将大桌放在中间，使用座面较低的椅子，这种高度可以方便大家在用餐结束后多在饭桌边待一会儿

03. 与客厅分开的私密厨房
藤泽K宅 | 平面图（比例=1：200）

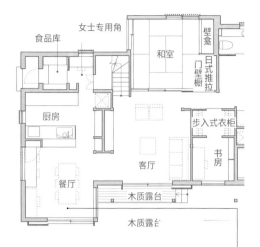

将客厅和餐厅自然柔和地分开，或者用门将两个区域隔开

如果要在客厅接待贵客，过于一体化的客厅和厨房会使家人没有容身之处

04. 与二层相连的挑空正下方的餐厅
中村宅 | 平面图（比例=1：150）

难点是照明，需要想办法用五金件和小梁来悬挂吊灯

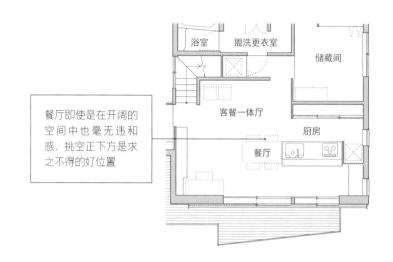

餐厅即使是在开阔的空间中也毫无违和感，挑空正下方是求之不得的好位置

05. 放置沙发的标准风格客厅
茅崎O宅 | 平面图（比例=1：150）

想坐在沙发上做什么，这会影响沙发摆放的位置

在用餐空间里放置餐桌，在休闲空间里放置沙发，这是标准风格

06. 不放置沙发的地座式客厅
茅崎S宅 | 平面图（比例=1：150）

即使有沙发也不常用，习惯坐在地板上放松的人应该也不在少数

即使是木地板，也可以在上面铺上地毯或使用椅子，丝毫不影响生活

07. 嵌有榻榻米的地座式客厅
横滨S宅｜平面图 (比例=1∶150)

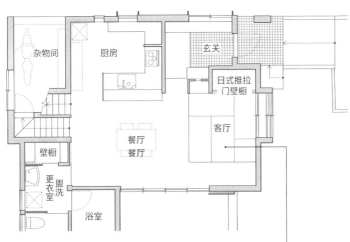

虽然身体强壮的人不介意睡硬地板，
但还是榻榻米地板对身体较为"温柔"

如果榻榻米空间只用作
客厅，不兼用客房，那
么就不需要设置隔扇、
门窗等建筑构件

08. 有固定脚炉的茶室客厅
横须贺S宅｜平面图 (比例=1∶150)

这是茶室的样子。即便是现在，在乡下，
两间连通的和室还是能够建造的

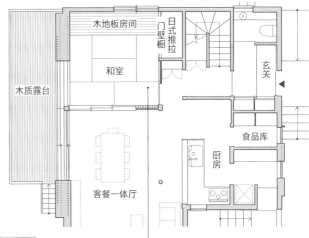

虽然房里也有椅座式的
客餐一体厅，但也可以
把带有固定脚炉的和室
用作客厅

09. 吧台式餐厅和地座式客厅
横滨S宅｜平面图 (比例=1∶150)

清晨和深夜独自吃饭时非常方便，
对于做饭上菜的人来说，服务工作
也很轻松

用餐时几乎都使用坐桌，
如果有吧台，就可以使用
椅子，这也很方便

13

亲子间的联系点的打造方式

大规模生产的房屋，如土地和房屋组合售卖的商品房以及公寓，并不是听取客户的个人需求而建造的，所以从布局上看似乎谁都可以住。但事实上只是因为我们已经看惯了这样的布局，所以我觉得把它设为标准是有问题的，尤其是儿童房的打造，按照孩子多少准备房间数量的这种房屋布局，真的是好的吗？

对于正在育儿的家庭来说，即便知道父母与孩子、兄弟姐妹之间的关系是最重要的，但还是让每个孩子从小就有自己独立的房间，而且也没有花心思去设计父母与孩子，以及兄弟姐妹间的联系点。这会导致从某一阶段起，家庭间的交流变少，即使同住一个屋檐下，互相间也没有对话和问候。这对孩子来说不是一个理想的生活环境。

打造联系点的方式之一是挑空。一般情况下，一层和二层是独立的世界，彼此看不到对方，也无法交谈。但如果在客厅或餐厅的（一层）上方设置挑空，就可以看到儿童房（二层）的样子，听到传来的声音。面向挑空打造共享空间，将其与儿童房相连，这是理想的布局。

另一种方式是学习角。学习角这种共享空间的场所是家长视线可及、易与孩子交流的地方。如果将学习角设置在儿童房外，家人间的联系点就产生了。即使孩子长大，空间也可以继续保留，用作孩子备考学习的场所。如果把它放在客厅的角落里，就是一个学习空间，父母也能更方便地看到孩子；如果打造成像"自习室"一样四周围起来的空间，不仅可以用来备考学习，也更具魅力。

01. 根据孩子的成长情况，划分不同房间

如果有独立房间，当家长说"不要把自己关在里面哦！"的时候，孩子往往不出来。如果有两个以上的孩子，就先把它打造成共享儿童空间吧

02. 两扇推拉门可以让房间变得开阔

为了保持房间和大厅、一层空间的联系，可以使用两扇推拉门，推拉门的开口宽度要达到170厘米以上

03. 用挑空将二层大厅和一层连接起来

如果在面向大厅和共享空间的地方设置挑空，就能将儿童房和一层空间自然柔和地连接起来

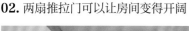

使房间独立开，去除有碍采光和通风的走廊，打造成大厅和共享空间

多治见H宅
平面图（比例=1 : 200）

04. 将二层学习角和一层连接起来的挑空

如果用挑空连接起各楼层的共享空间，就能听到说话声，感受到对方的存在，给彼此带来安全感。二层的学习角也有种"近在一层"的感觉

06. 在客厅的一角设置电脑角

我们生活在人人都可以轻易获取信息的时代。儿童也有可能深受其害，或成为信息时代麻烦的制造者

07. 儿童房前面的学习角

由于设置在房间外，你可以清楚地看到孩子学习的样子

主卧室（和室）
储藏间
走廊
挑空
洗漱角
卧室
书房
书房
学习角
藏书室
阳台

镰仓Y宅
平面图（比例=1∶150）

05. 将二层共享空间和一层连接起来的挑空

如果设置了6～8叠的大挑空，不仅可以感觉到对方的存在，还能看见家人的样子。挑空让室内空间的连接感变得更强，且别具魅力

需要限制获取信息的场所，可以在客厅的一角放上个人电脑

壁橱壁橱
电脑角
餐厅餐厅
客厅
露台

藤泽市M宅
平面图（比例=1∶150）

08. 适度封闭、安静的学习空间

与其充实儿童房，不如去充实房间与房间的中间区域，这样会使房子更具魅力

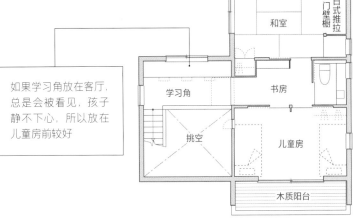

如果学习角放在客厅，总是会被看见，孩子静不下心，所以放在儿童房前较好

和室
日式推拉门
壁橱
学习角
书房
挑空
儿童房
木质阳台

镰仓K宅｜平面图（比例=1∶150）

14

确认家务的做法、客户对什么讲究

有关家务的内容，除了确认购物、做饭、洗澡、洗衣服、晾晒衣服等常识性的家务活动轨迹以外，把握个人的喜好及做法的不同，这点也是很重要的。

首先，就厨房的形状而言，大致分为三种：面对面式、面壁式和独立式，它们对空间的要求各不相同。面对面式厨房广受欢迎，因为它可以隐藏手下的工作，让你在厨房工作的时候可以看到家人和整个房子。缺点是需要额外的空间，如果是岛式厨房，则需要更多的空间来安装抽油烟机和管道。面壁式厨房无须正对餐厅，布局的自由度较高，非常适合空间有限的房子。由于正面可以安装窗户，所以也有利于获得亮度和视野。如果将餐厅一侧用储物柜围起来，就能形成安静的工作空间，用墙和门完全围起来，就形成了独立式的空间。

浴室在一层还是二层，要看整体面积的平衡性。对于睡觉前才洗澡的人来说，浴室和卧室在同一层比较方便；而对于洗完澡后喜欢在客厅或餐厅待着的人来说，卫生间最好和客厅、餐厅、厨房在同一层。

在此基础上还需加上洗衣、晾晒的活动轨迹。如果你想在厨房做饭或打扫卫生的同时启动洗衣机，可以把厨房和浴室、更衣室放在同一层，或者只把洗衣机放在厨房附近。不过现在很多家庭使用全自动洗衣机，所以将洗衣机放在厨房附近的必要性变小了。其实，依照与晾晒区域的关系来决定洗衣机的位置，家务就会变得更轻松。如果在庭院（一层室外）晾晒衣物，一层有洗衣机的话比较方便；但如果在二层阳台晾晒衣物，二层有洗衣机就比较方便了。

01. 普通的面对面式厨房
大和O宅丨平面图（比例=1∶150）

如果你担心油烟，可以在灶炉前立一面墙；如果你看重统一感，就把它做成开放式的

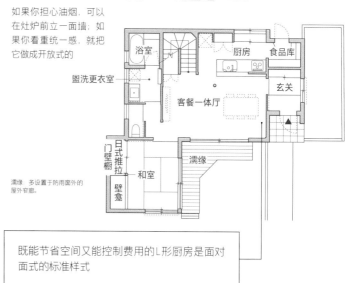

濡缘 多设置于防雨窗外的屋外官廊。

既能节省空间又能控制费用的L形厨房是面对面式的标准样式

02. 功能性的面壁式厨房
二宫M宅丨平面图（比例=1∶150）

灶炉和抽油烟机都背靠墙壁，结构合理，厨房吊柜也安装得很严实

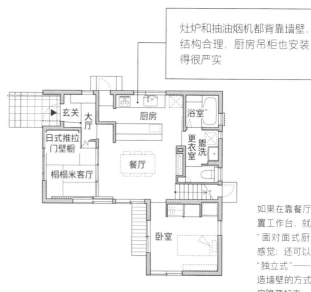

如果在靠餐厅一侧设置工作台，就有一种"面对面式厨房"的感觉；还可以打造成"独立式"——通过建造墙壁的方式，把厨房隐藏起来

03. 拉近厨房和盥洗室（洗衣机）的距离

镰仓K宅｜平面图（比例=1：150）

这是一种整合用水区域的布局，可以满足双职工的夫妻等人需要高效完成家务的需求

去洗手间要经过厨房的话，会很不方便；如果可以从两个方向进出，就会方便不少

04. 拉近晾衣区域和盥洗室（洗衣机）的距离

世田谷A宅｜平面图（比例=1：150）

如果只考虑洗衣的活动轨迹，盥洗室（洗衣机）在晾衣区域附近，效率会更高

盥洗室和浴室都在二层，而且紧挨着阳台，这种洗衣的活动轨迹是最短的

05. 设置室内晾晒空间

茅崎S宅｜平面图（比例=1：150）

因花粉症而无法在室外晾晒衣物的人越来越多。如果有室内晾晒空间，即使在梅雨季节，也无须担心天气的影响

将平时使用率不高的空间，比如二层大厅等用作晾晒区域，或许是个不错的选择。如果该区域位于阳台前，将会更方便

06. 打造阳光房（洗衣房）

御殿场K宅｜平面图（比例=1：150）

这种做法在一般地区有点奢侈，但在冬季潮湿、日照少的日本海沿岸地区，却是必需品

由于房屋是建在潮湿且有积雪的御殿市场，所以在盥洗室旁边设置了一间朝南的阳光房

15

把握用量

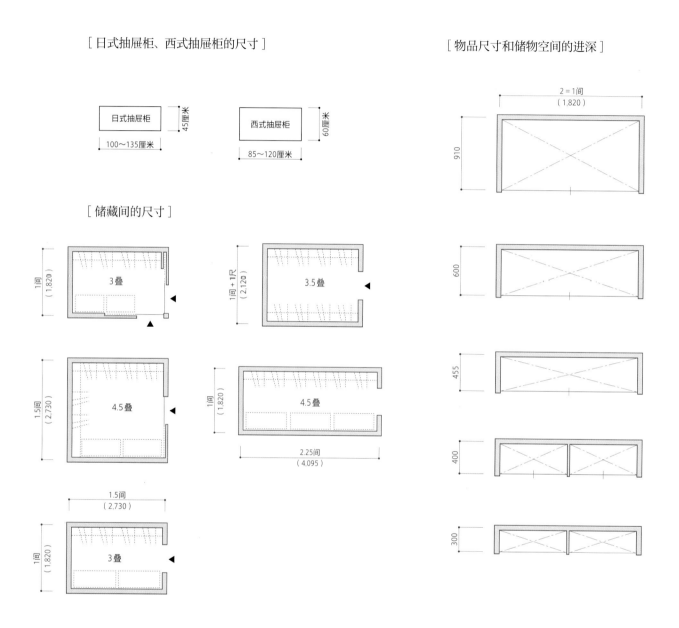

[日式抽屉柜、西式抽屉柜的尺寸]

日式抽屉柜　45厘米　100～135厘米

西式抽屉柜　60厘米　85～120厘米

[储藏间的尺寸]

3叠　1间（1,820）

3.5叠　1间+1尺（2,120）

4.5叠　1.5间（2,730）

4.5叠　1间（1,820）　2.25间（4,095）

3叠　1.5间（2,730）　1间（1,820）

[物品尺寸和储物空间的进深]

2＝1间（1,820）　910

600

455

400

300

对储物空间而言，墙的长度比面积更重要。如果将6叠的房间和4叠的房间进行比较，储物量的差别不大。而且，如果是像日式推拉门壁橱那样的深度储物空间，可能导致物品尘封不用，因此需根据所存物品的大小，确保合适进深的储物空间。

书籍、鞋子、餐具、衣服、被褥等都是我们大量拥有且尺寸统一的物品。书籍250毫米左右，鞋子350毫米左右，餐具300毫米左右，衣服600毫米左右，被褥800毫米左右。由于

它们所需进深是固定的，所以通过测量物品摆好时的高度和长度，就可以计算出储物空间的长度和所需架子的数量。如果壁橱是合页门，只需要考虑门的厚度即可；如果使用推拉门，需要留出多余的进深。衣服的立体规划也很重要，有的是用衣架挂在横着的管子上，有的则是利用抽屉柜或装衣盒，存放在抽屉里。另外，对于大小不统一或可以叠放的耐用物品，可以放进纸箱等容器存放。由于箱子可以叠放，所以可以有效利用储物空间的高度。

第 2 章　布局的基本原则

STANDARD　RULE

01

考虑布局前必须了解的事

理清地皮、预算、需求等概念后，就可以开始考虑布局了。为此，需要先了解构建布局的基本知识和规则。

首先是所需房间的大小。如前文所述，建筑面积与工程造价直接相关。因此，对于预算有限的一般人，非必要的大面积扩建是无法承受的。了解每个房间（空间）所需大小的标准，这个很重要。

对于玄关的大小，如果客人较多，就把它做大；如果定位为家庭房，就把它做得简洁小巧一点。客厅和餐厅的大小将取决于第1章中所述的"客厅风格"，以及所建房屋的大小。

对于厨房的大小，虽然每家差别不大，但所需空间会因厨房的形状而发生变化。如果是和室，从带有壁龛和壁龛旁边的架子的标准榻榻米房间，到作为客厅的一部分被日常使用的客房，再到只有两叠大小的榻榻米角，种类众多。

卧室的大小会因为用床还是用被褥而不同，如果还有睡觉以外的用途，那么卧室会再大一些。对于儿童房的大小，正如第1章中所述的"亲子间的联系点"那样，建议将它打造得小一些。不要让房间成为孩子唯一能待的地方。

打造布局时，房间与房间、空间与空间的连接部分，也就是"走廊""楼梯""挑空"等很重要。此外，为保证空气流通、形成各空间的联系，将隔断和出入口打造成"推拉门"同样重要。

按不同用途准备房间，采用重视独立房间的布局时，走廊会变长。长走廊会分割空间，也不利于空气流通。因此，走廊应该分"去掉、缩短、加长"这三个阶段来灵活考虑。楼梯的基本类型有直梯和折角楼梯，还有根据具体情况发生变化的应用类型。房屋布局会因楼梯设计而不同，因此要把握它的规则和特点，并运用好。虽然不是必需的，但如果有挑空，一层和二层就不会隔断，也有助于采光和通风，大大增加了空间的魅力。

像这样，通过灵活运用走廊、挑空、推拉门，就可以打造出通风良好、家人间互动性强、感觉比实际面积更宽敞的房子。这种方式叫作"布局扩张"，我想将其作为打造布局时的主要原则。

02

玄关的面积为2～3叠

对于玄关与走廊相连、同空间内还有楼梯的房子，你会感觉玄关似乎比实际面积大，但在这本书中，基本原则不是"以玄关为原点"，而是"以客厅为原点"的活动轨迹，需要将玄关独立出来。

此外，各家的玄关作用不同，因此不能笼统地谈大小。玄关大致分为两种：来客较多的玄关、仅供家庭成员使用的玄关。如果家里孩子带了很多朋友来，或者家里聚会比较多，可以扩大地板那层的储物格子，腾出足够放鞋的空间即可，大概3叠就够了；如果是有贵客造访的名人的房子，腾出4～6叠就够了。

与其相对的，如果是以家庭为中心的普通玄关，基本面积为2叠，加上鞋柜，2.5叠的玄关就绰绰有余。但如果2叠大小的玄关内放了一个高至天花板的鞋柜，就会显得局促。如果想打造鞋柜，建议把它做得低一点。

在玄关附近，除了鞋子，还需要雨伞、婴儿车、户外装备等物品的置物处，如果附近没有储物空间，玄关就会被东西塞满。因此，玄关旁边应设置玄关储物间。在储物间内，搭建开放式的架子要比鞋柜便宜，还可以在里面打造衣帽架。

01.
带有鞋柜、2叠左右的玄关

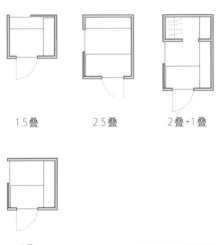

1.5叠　　　2.5叠　　　2叠+1叠

2叠

02.
带有鞋柜和衣帽架的宽阔玄关

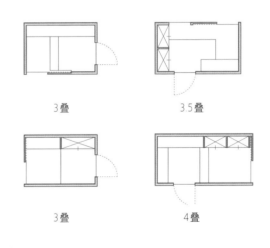

3叠　　　　3.5叠

3叠　　　　4叠

上图：鞋柜是玄关的标配。在考虑布局时，带鞋柜、面积2叠的玄关是标准大小
下图：鞋柜是挂壁式储物空间的一种。可以通过板门、格子门、推拉门等设计来改变玄关的风格

上图：如果玄关有3～4叠，就能减轻壁面储物柜的压迫感，可以将鞋柜巧妙地组合起来
下图：鞋柜和壁面储物柜带有漆和纸[1]制成的推拉门，玄关更显别致。还设有可兼用收纳空间的带盖子的椅子

①漆和纸：融合越前和纸和越前漆器的传统工艺制作而成的新型天然材料。

03.

同时设有玄关储物柜、面积2叠的玄关

上图：如果有带鞋柜的储物间，就没必要另设鞋柜，因此即使是2叠的玄关，也不会觉得局促

下图：如果有很多户外用品，放在地板那层的储物格子比较方便。但如果考虑到拿进拿出的情况，还是放在地板上方的储物柜比较方便

04.

可连通玄关储物柜的玄关

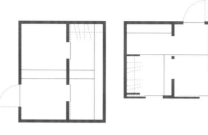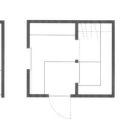

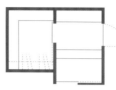

上图：玄关3叠+储藏室3叠是基本尺寸。若储藏室宽6尺，则稍显空旷，若宽4尺5寸，就没有空间浪费

下图：既可以从泥地，也可以从屋内进入玄关储物间。如此一来，取鞋时也不用走回头路，非常方便

05.

收进4.5叠的玄关储物间和玄关

如果想把房间打造得比上述第4点更小巧，可以把整个房间控制在4.5叠内。平均分空间的话，玄关会有点窄，建议这样划分：玄关宽5尺、储物间宽4尺

右图：玄关和储物间之间设有两个并排的门，所以中间需要1.5间的墙体。建议将帘子用作隔挡

左图：如果用栏间打通隔断，使顶棚相连，那么5尺宽的玄关会感觉更宽敞

03

客厅和餐厅的面积由风格决定

正如我们在第1章"整理需求"中所看到的那样,"与家人同住的生活方式"多种多样。风格不同,客厅和餐厅所需的面积也有所差异。

首先是沙发+餐桌的"经典型"风格。由于沙发和电视柜放进2间宽的空间里正好合适,所以理想的客厅是8叠。餐厅的大小取决于餐桌的大小,餐桌只需1.5间就足够,因此6叠是餐厅的基本尺寸。总的来说,客厅和餐厅的总面积需要14叠以上。

接下来是不放置沙发的"地座式客厅型"。虽然不放沙发确实会减少使用面积,但如果要铺地毯或放榻榻米桌,客厅面积大约需要6叠,加上餐厅共需要12叠。如果铺上榻榻米地板,打造成榻榻米客厅,人可以直接睡在地上;冬天时摆出被炉,尽显日式风格。如果把榻榻米空间打造成小榻榻米角,餐厅和座位都有,是适合多人用餐的场所。

还有一种地座式风格是"茶室型"。这是一种日式风格的榻榻米客厅(和室),用隔扇和门窗等建筑构件进行隔断,也可以作为客房或卧室使用。和室原本就有多种用途,因此对于没有富裕空间设置客房的小家庭来说,这种风格非常合适。和室的面积应该在4.5~6叠,加上餐厅的面积,需要10.5叠以上。

另一种地座式风格是"吧台式餐厅型"。它的基本风格是不使用餐桌,坐在地上用榻榻米桌进行用餐。但出于对早餐、独自吃简餐等情况的考虑,可以在厨房旁边或对面设置一张吧台式餐厅。客厅8叠+餐桌2叠,总面积10叠左右就足够。

如果客厅和餐厅没有明确的功能或面积划分,这种风格叫作"餐厅核心型"。如果有一张大饭桌,就可以用来吃饭、工作或在此进行兴趣爱好,如果配有座面较低的椅子,还能饭后放松一下。如果在闲置空间上放一个单人沙发或椅子,就能有更多用途。这种风格的面积也是10叠左右。

如果家人只有用餐时才在一起,这种风格就是"无须客厅型"。如果夫妻俩的爱好和口味不同,也很少一起看电视,更多的时间会在自己的房间里度过。虽然听起来感觉有些寂寞,但这确实是老年夫妻的常态。从"欲望"上来说想要8叠的空间,但实际上6叠也就足够了。

01. 沙发+餐桌的标准类型

1张餐桌+1张2~3人座的沙发是最常见的配置。可以通过把沙发放在房屋中间的方式,将空间区隔开

如果面积达14叠,沙发和电视柜的距离,以及餐桌周围都能有足够的空间

大矶M宅 | 平面图(比例=1:150)

02. 不放置沙发的地座式客厅

铺有鲜艳地毯的地座式客厅。房梁下挂着一个秋千，营造出令人心情愉悦的氛围

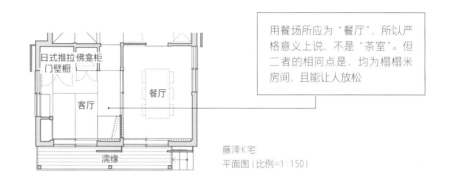

客厅是没有沙发，与其相邻的厨房和学习角有种空间上的连接感，使得面积12叠的客厅显得更宽敞了

小田原K宅
平面图（比例=1：150）

03. 茶室型客厅和餐厅

客厅与餐厅之间有一道推拉门，把门拉到头，两间房的连接处便是1间宽的房屋开口；关上就可以将两者分开

用餐场所应为"餐厅"，所以严格意义上说，不是"茶室"。但二者的相同点是，均为榻榻米房间，且能让人放松

藤泽K宅
平面图（比例=1：150）

04. 吧台式餐厅和地座式客厅

与面对面式厨房相对的吧台式餐厅。鲜艳的花纹瓷砖使吧台更具存在感

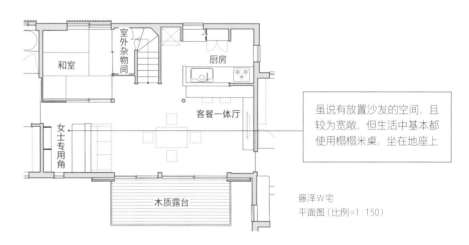

虽说有放置沙发的空间，且较为宽敞，但生活中基本都使用榻榻米桌，坐在地座上

藤泽W宅
平面图（比例=1：150）

05. 客厅兼用的大桌餐厅

大餐桌由七叶树木材制成，除了用餐，还能用于其他各种用途，也能用作休闲放松的场所

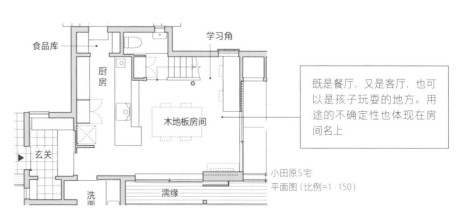

既是餐厅，又是客厅，也可以是孩子玩耍的地方。用途的不确定性也体现在房间名上

小田原S宅
平面图（比例=1：150）

04

厨房面积以5叠为标准

[厨房的布局样式]

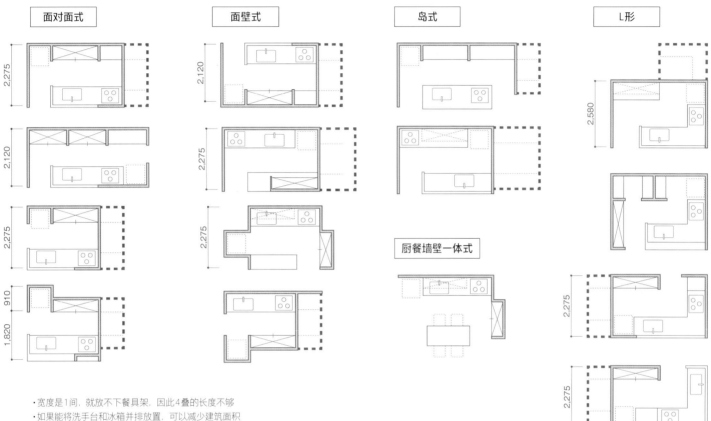

面对面式   面壁式   岛式   L形

厨餐墙壁一体式

- 宽度是1间，就放不下餐具架，因此4叠的长度不够
- 如果能将洗手台和冰箱并排放置，可以减少建筑面积
- 侧边如果有走廊（过道），活动轨迹就会变短，可以收进4叠的面积内

按风格将厨房分类的话，大致可以分为面对面式和面壁式。

面对面式厨房受到很多人的欢迎，因为它可以隐藏手下的工作，让你在厨房工作的时候可以看到家人和整个房子。背后一般摆放着餐具柜、家电收纳柜和冰箱，配合冰箱的进深，过道也会变宽，因此5叠是一个大致标准。

半岛式和岛式厨房是面对面式厨房的一种类型，它对客厅和餐厅的开放性较强。因此，需要设置一台设计性强且价格较贵的抽油烟机，同时还得确保管道的空间。岛式厨房需要在前面留出至少2间半的空间，作为从左右两侧进出的通道。

面壁式厨房可以分为两种：餐厅厨房型和厨房型。通过将进深650～700毫米的厨房套装（包括洗手台、灶台、餐具

以及冰箱、微波炉等家电）和冰箱靠墙排列，无须设置过宽的过道，就可以节省空间。此外，也不一定要将餐具柜和家电收纳柜放在对面，设计的自由度较高。

与客厅和餐厅分开的厨房，最大的好处就是：即使厨房乱一点也无须在意（尤其是客人看不到）。所需空间同样也是5叠左右，但由于它无助于使空间变宽，所以会感觉客厅和餐厅变得更小了。

还有将面对面式和面壁式结合起来的L形和双排式厨房。因这类风格吸取了二者之长，所以优点很多，但成本也更高。

01. L形面对面式厨房是标准风格

L形厨房的后面建了一面墙，餐厅一侧摆放着装饰架和书架，可以清楚看见背后的餐具柜

在灶炉前立起一面墙，这是标准的面对面式厨房。冰箱空间设置在后方深处，餐具柜正对前面的开口

大厅

家务角

厨房

客餐一体厅

木质露台

藤泽S宅
平面图（比例=1∶150）

02. 冰箱位于侧方的面对面式厨房

这种面对面式厨房使用侧壁抽油烟机，开放了灶炉前面的空间，与餐厅的整体感非常强

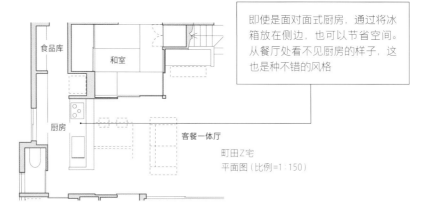

即使是面对面式厨房，通过将冰箱放在侧边，也可以节省空间。从餐厅处看不见厨房的样子，这也是种不错的风格

食品库

和室

厨房

客餐一体厅

町田Z宅
平面图（比例=1∶150）

03. 开放性强的面壁式厨房

通过将与腰齐高的餐具柜吧台和家电隐藏起来，让空间具有餐厨一体风格的同时，也让人感受不到生活的异味

巧妙地将冰箱和家电收纳柜塞进了两边的凹槽内。从厨房的窗户可以看见屋后的山

厨房

步入式衣柜

客餐一体厅

木质露台

镰仓K宅
平面图（比例=1∶150）

04. 半封闭的面壁式厨房

用餐具柜挡住一半厨房，另一半是较低的开放型工作台

将冰箱放在侧边的面壁式厨房，可以节省空间。再往边上一点，还有一个食品库，储物空间也很丰富

洗漱角

厨房

食品库

电脑角

餐厅

客厅

木质露台

藤泽M宅
平面图（比例=1∶150）

05. 收进6叠内的L形厨房+食品库

由于灶炉和抽油烟机朝向图中L形的短边，所以L形长边的台面很干净，冰箱也隐藏得很好

将L形厨房、宽1间的餐具家电柜、冰箱、1叠的食品库收进6叠的空间里，这是一种标准形式

相模原T宅
平面图（比例=1∶150）

06. 开放的L形平板面对面式厨房

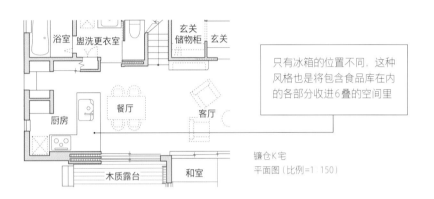

木制的平板厨房给人一种整体感，好像是悄悄放进客厅和厨房的组合里一样

只有冰箱的位置不同，这种风格也是将包含食品库在内的各部分收进6叠的空间里

镰仓K宅
平面图（比例=1∶150）

07. 打造出美丽空间的双排式厨房

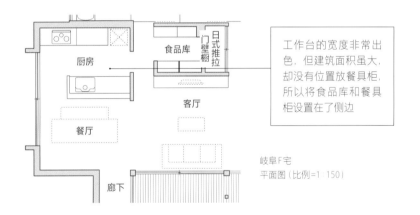

与面壁式厨房相似，但水槽在对面，方便与家人交谈

工作台的宽度非常出色，但建筑面积虽大，却没有位置放餐具柜，所以将食品库和餐具柜设置在了侧边

岐阜F宅
平面图（比例=1∶150）

08. 方便"绕圈"的岛式厨房

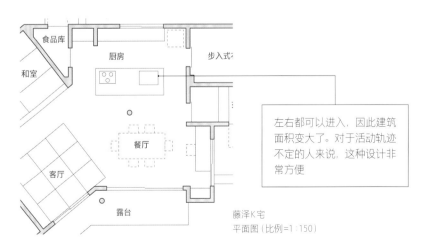

它的特点也是和客厅、餐厅有整体感，但抽油烟机的排气路径需要斟酌

左右都可以进入，因此建筑面积变大了。对于活动轨迹不定的人来说，这种设计非常方便

藤泽K宅
平面图（比例=1∶150）

和室的面积随用途变化

在如今的住房形势下，不要说是带壁龛的榻榻米房间，就连普通的和室也在逐渐消失。榻榻米房间最大的优点就是用途广，即便用作卧室，也不会对睡在里面的人的类型和数量有所限制。特别是用作客房时，其泛用性之广，更是万无一失的选择。第二次世界大战结束后，日本人养成了食宿分离、家人分睡的生活方式，并渗透进文化中。不过，和室用途广、灵活性极强，房子越小越能发挥大作用。

自带壁龛的榻榻米房间的理想面积是8叠。但如果另加壁龛和壁龛旁边的架子，总面积则是10叠，因此需要更多的地板空间。一般来说，即便是榻榻米房间，在兼用作客房的情况下，壁龛+日式推拉门壁橱是常见的组合，房间6叠（总面积8叠）就足够了。

如果将没有明确用途的和室（如卧室或练功房）独立起来，就容易成为使用率低的"闲置屋"。因此如果是普通的客房，建议再在客厅一角打造一个平时也可使用的和室。由于要留客人过夜，所以以下两项是必需的：使用隔扇和门窗等建筑构件将它封闭起来、打造日式推拉门壁橱。想象一下留宿客人的情况，如果是2个成年人（加1个小孩），房间面积以4.5叠为宜；如果是3个大人或四口之家，以6叠为宜；如果是4个大人，以8叠为宜。

如果不把房间用作客房，就不需要壁橱和配件。如果单人使用，2叠或3叠的小空间也颇有意趣。如果用作榻榻米客厅，想要4人围坐在榻榻米桌，房间面积需要4.5叠；如果6人围坐，需要6叠。

[和室的面积样式]

| 4.5叠 | 6叠 | 8叠 |

  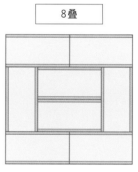

- 双人卧室
- 茶室，房间内使用3尺见方的榻榻米桌
- 带小榻榻米角的榻榻米客厅

- 2～3人卧室
- 榻榻米客厅或榻榻米餐厅
- 最适合用作和室的面积

- 3～4人卧室
- 榻榻米客厅或榻榻米餐厅
- 最适合用作有排场的榻榻米房间的面积

| 2叠 | 3叠 | 3叠+壁龛台 | 4叠+壁龛台 |

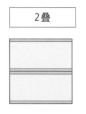 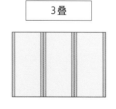  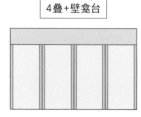

- 婴幼儿的卧室
- 最小的榻榻米角
- 由于房间狭小，只能用来睡觉

- 单人卧室
- 能够容纳两人面对面坐在榻榻米桌两侧的最小面积

- 1～2人卧室
- 可用作单独房间
- 能够容纳两人面对面坐在榻榻米桌两侧的最小面积

- 2～3人卧室
- 可用作单独房间
- 能够容纳两人面对面坐在榻榻米桌两侧的宽敞面积

06

卧室的面积取决于寝具（睡床还是打地铺）

[卧室的面积样式]

和室 如果要打地铺，4.5～6叠的房间就足够两人使用

洋室 如果要放置两张床，房间面积以6～7叠为佳如果床紧挨墙壁，睡内侧床的人将难以进出

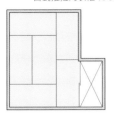
① 面积6叠
+日式推拉门衣柜（3.5坪）

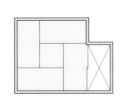
② 面积4.5叠
+日式推拉门衣柜（2.75坪）

① 面积4.5叠
单人床2张（2.25坪）

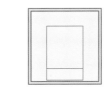
② 面积4.5叠
双人床1张（2.25坪）

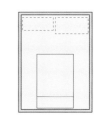
③ 面积6叠
双人床1张（3坪）

③ 面积6叠
+抽屉柜放置处
+日式推拉门衣柜（4坪）

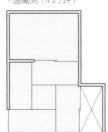
④ 面积4.5叠
+日式推拉门衣柜
+储藏间（4.25坪）

④ 面积6叠
单人床2张（3坪）

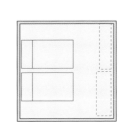
⑤ 面积8叠
单人床2张（4坪）

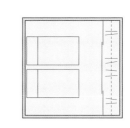
⑥ 面积6.5叠
单人床2张（3坪）

这里提到的卧室均指主卧（夫妻的卧室），以两人同睡时的必要空间为考虑前提。睡床还是打地铺，这取决于住户的个人喜好，所需的房间大小也有所不同，因此提前向住户听取意见是必不可少的一步。

4.5叠大小的和室就可容纳两套被褥，不过，多数家庭在孩子小的时候，都是一家人呈"川"字同睡，因此建议房间面积以6叠为宜。若想在屋内放置抽屉柜等物件，则需要面积6～8叠的稍大一圈的房间，建议将抽屉柜也放进衣柜或步入式衣柜里。

把被褥一直放在地上（即日语中所说的"万年床"）是不卫生的，因此，如果选择和室，推拉门壁橱是必要的。由于收拾被褥是"日常工作"，房间内的普通推拉门壁橱是最为便利的，但也可根据需要，在走廊处设置壁橱或在储物间设置被褥架。

洋室的床有多种尺寸：包括单人床（970毫米×1,950毫米）、半双人床（1,220毫米×1,950毫米）、双人床（1,400毫米×1,950毫米）和大床（1,700毫米×1,950毫米）等。一张双人床或一张大床可以放进4.5叠的房间。但是，如果在1.5间宽的房间里放一张床，由于床脚与墙的距离过近，就让人觉得很局促；如果房间面积有8叠，就有空间放置抽屉柜和电视柜，房间内的过道就会变得宽阔。

如果想在房间里放两张单人床或两张半双人床，6叠的房间是个不错的选择，但床与墙的距离会变得较窄。在此基础上扩充1尺5寸（约455毫米），将房间面积变成7叠，就能产生更多空间。但由于此举打破了户型，可能会使房间布局的难度加大。在这种情况下，可以选择8叠的房间，留下空间放置抽屉柜和电视柜，或者保留8叠的空间（包括一个嵌入式衣柜，卧室面积为6.5叠）。

一些老年夫妻、或是伴侣打鼾声过大的夫妇会希望分房睡。由于睡眠空间仅3叠就已足够，所以可以在6～8叠的房间内设置隔挡或用墙壁将空间分隔开，做成随时能够复原的样式较为明智。如果还想放置桌子，用以置物，或是余出空间，便于根据自身兴趣爱好自由使用，两个4.5叠的房间较为合适（类似后文将介绍的儿童房布局）。

儿童房的面积以4.5叠为标准

首先，儿童房的使用时间其实并不长。小学以前，让孩子独自待在房间里对其心智成长来说并不算好，而且孩子一旦长大离开父母，儿童房就显得多余。鉴于大龄结婚和啃老族越来越多的时代背景，或许也有人从一开始就准备把它设计为成人房。不能否认的是，这般舒适的儿童房增加了孩子无法独立的可能性。

儿童房也会对孩子的性格造成影响，因此最好能打造一个可以与家人自然交流的空间。想做到这一点，正如第1章中提到的，不要让房间成为孩子唯一能待的地方。如果在房间外准备了学习空间，儿童房只需具备"睡觉、收纳"的功能，因此面积小于4叠也没关系。但是，要设置床铺的话，宽1间的房间内会产生窄的过道，浪费很多空间。因此比起3叠或4叠，更推荐面积3.75叠（2,730毫米×2,275毫米）的房间。

即便如此，也有很多家长希望孩子在小时候使用餐厅或者学习角，备考的时候在房间里学习，因此房间需要能容纳一张桌子。事实上，能容纳一张桌子的最小面积是上述的3.75叠。面宽相同的话，进深再加大3尺，就可以变成5叠的房间。除了面积比3.75叠更大，它的特点是墙体较长、便于放置家具。但是，由于3.75叠和5叠的房子面宽都是2.5间的一半，所以很难套进一般的柱网图中。

基于上述理由，通常以4.5叠为标准，因为便于套进柱网图中。如果你想打造一座又大又华丽的房子，可以把儿童房做成6叠或8叠；如果房子面积受限，比起儿童房，更应该把客厅和共享空间做大。

如果把儿童房的面积从6叠减至4.5叠，两间房能省下3叠，就可以利用这个空间打造共享空间或学习角。由于儿童房外本就需要走廊，如果将走廊稍微拓宽一点，就能轻而易举地留出共享空间的位置。

此外，儿童房不需要嵌入式储物柜（衣柜）。如果把儿童房看作一个短暂存在的空间，为了提高未来的可改造性，建议减少固定陈设的数量，而不是机械地根据孩子的数量，将房间打造成仅供小孩使用的房间。

如果是小户型，而且家里有3个以上的小孩，空间就更有限了，不仅无法确保孩子人均4.5叠的面积，还可能会打破空间均等的原则。因此，小个体空间和共享空间的组合更加重要。

01. 4.5叠的儿童房和学习角

02. 5叠的儿童房

左图：为打造小巧、不浪费空间的房子，不让小孩封闭在房间内，建议将房间面积定为4.5叠

右图：虽不是常见尺寸，是将6叠房间"减脂瘦身"后的大小，但优点是易于摆放家具

[儿童房的样式]

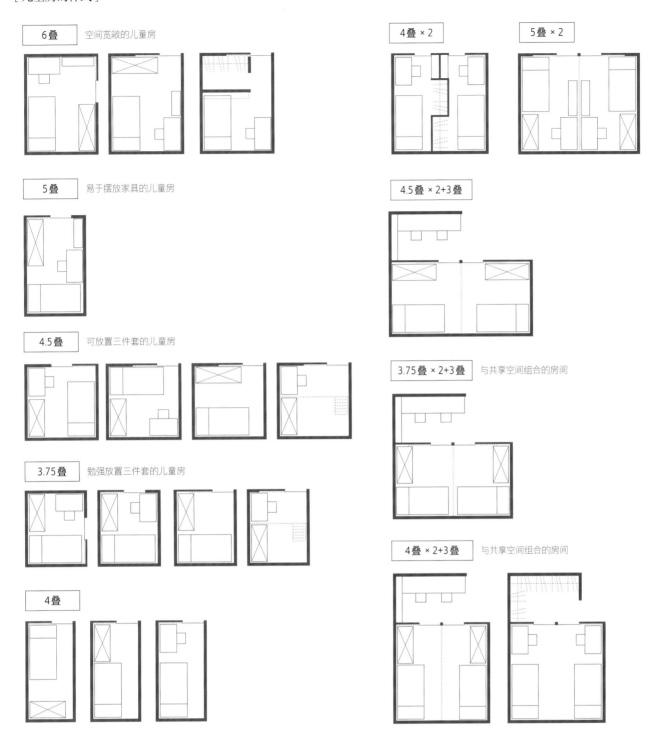

6叠 空间宽敞的儿童房

4叠×2

5叠×2

5叠 易于摆放家具的儿童房

4.5叠×2+3叠

4.5叠 可放置三件套的儿童房

3.75叠×2+3叠 与共享空间组合的房间

3.75叠 勉强放置三件套的儿童房

4叠×2+3叠 与共享空间组合的房间

4叠

03. 3.75叠的儿童房和共享空间

04. 4叠的儿童房和共享空间

左图：虽然是不规则的空间，但房屋狭小到恰好能够摆放家具，这种绝妙的搭配也是它的魅力所在。因此，需要丰富共享空间加以补充

右图：8叠房间本身的宽度难以作为一个单间使用，将其一分为二时，需要利用储物空间进行隔断或与共享空间组合

08

盥洗室、浴室和厕所
要综合起来考虑

01. 2叠+2叠+1叠的基本组合

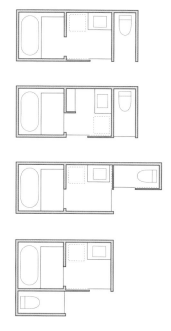

［浴室2叠+盥洗室2叠+厕所1叠］，
这是标准尺寸。需要将厕所改装成
从客厅和厨房处无法看见的样式

虽然厕所不一定要挨着盥洗更衣室和浴室，但后两者却常常组合在一起，把厕所纳入组合中的情况也较为多见，因此可以将它们综合起来考虑。

盥洗更衣室的标准面积是2叠，洗漱角和洗衣机并排摆放，这样在功能性上已经足够了。2叠的房间布局较好处理，可以将房间一侧延长1尺5寸（日本建筑中1尺为303毫米，1尺5寸为455毫米），确保麻布面料物品的存放空间。但如果这样处理，相对的另一边也会多出1尺5寸的宽度，因此也需要同时考虑如何活用这个空间。例如，可以加宽厕所、打造洗漱角，或者在客厅和走廊打造一个储物空间。

浴室有2叠面积就够了。我们也听到过这样的要求："我想

扩大浴室，让它能容纳多个孩子一起洗澡。"但孩子的这个阶段究竟会持续多少年呢？但如果您是个喜欢泡澡、并享受沐浴时间的人，就请扩大浴室，哪怕是通过削减其他空间的方式。

虽然厕所的标准面积是1叠，但把进深缩短1尺（303毫米）也没关系。相反，我们建议将宽度扩大1尺至1尺5寸，打造洗手台和储物空间。但是，由于1叠是最易制作布局的尺寸，所以除非有特别的需求，否则还是以1叠的标准去考虑为宜。

厕所的样式有几种，最常见的是"独立式"，即有专门用作厕所的房间，且房间有独立的出入口；也可以把厕所独立出来，和其他房间分开。在用法方面，这种样式许多人都很熟悉，是厕所的标准样式。

02. 设置储物空间，扩大盥洗室

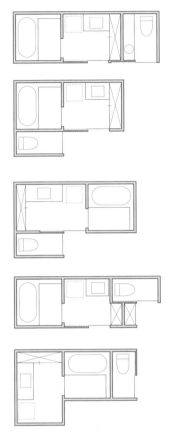

如果是标准尺寸的盥洗室，储物空间的面积就会不够。因此，需要将盥洗室的长或宽扩大1尺5寸或3尺。其与客厅和厨房的位置关系变化会导致房屋形状发生变化

03. 和更衣室分开，打造洗漱角

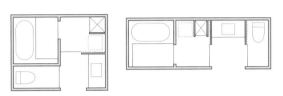

如果将更衣室独立出来、洗漱角设置在外面，那么二者的累计面积超过3叠（总面积超过6叠）即可

04. 将洗衣机放在盥洗室外面

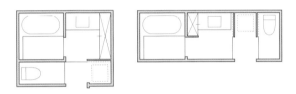

将洗衣机摆放的地方设置在盥洗室外面，这种样式同样也是总面积超过6叠即可

05. 经过盥洗室的隔间式厕所

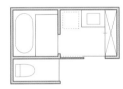

一般来说，厕所都是独立式的；在走廊不好设置的情况下，可以采用"分区"的方法解决

接着是将洗衣机和马桶放在盥洗室里的"集中式"。在独立式的厕所布局中，每个房间都需要窗户和出入口；但在集中式布局中，只需在一个房间里设置即可，因此更容易设计。具体来说，因为卫生间没有门，所以即使客厅和用水区域相邻且中间没有走廊，也不会觉得不舒服。此外，在外观设计上，少一扇窗户也是有利的。

但从住户的角度看，是存在问题的。首先，很不舒服。试想一下，在3叠左右的大空间里，一个人坐在马桶上的样子。年龄越大，内心的抗拒感就越大。为了解决这个问题，"隔间式"是个不错的方法——可以只针对盥洗室的厕所设置推拉门。

"集中式"和"隔间式"共同的缺点是，有人洗澡时，其他家庭成员不能使用马桶。如果家里没有两个厕所，就不能采用这样的形式。相反，它们共同的优点是，如果孩子在洗澡时需要排尿，在光着身子的情况下可以顺利带着孩子上厕所。当然这只是家里有婴幼儿的短暂阶段内的情况，不过确实很方便。

作为选择之一，还可以将盥洗室的洗漱功能区和更衣功能区分开。将更衣室独立出来，并设在浴室前面，可以放置洗衣机或设置麻布面料物品的存放空间。如此一来，可以消除盥洗室的生活异味，不仅更容易营造酒店式的氛围，也方便客人洗手、化妆。此外，未必要将其设置成一个带门的"房间"，它可以作为洗漱角，成为走廊的一部分。

09

楼梯设计的心得

连接一层和二层的楼梯是平面图中非常重要的部分。你是否有过这样的经历：分别考虑一层和二层的布局时得心应手，但上下两层难以很好的重叠。由此可见，制作没有楼梯的平面图是比较容易的。这就意味着，楼梯需要从一开始考虑，其形状和所需空间的几种变化也必须牢牢记住。

每级台阶的高度叫作"踢高"，它由层高和级数决定。如果层高很高，则级数增加或每级高度变大，反之同理。每级台阶的宽度称为"踏面"，爬梯的难易程度取决于踢高与踏面的比例。当然，年纪一大，无论对谁来说，都是踢高较低的楼梯上下楼比较方便。后续我们会展开介绍，从平面图上看，13级台阶较为方便。如果楼层层高为3,000毫米，那么踢高就需到230毫米，即使层高是2,730毫米，踢高也有210毫米。

为了将踢高控制在200毫米以下，我通常依据层高,2,800毫米除以14的标准，将层高和踢高分别设置为2,730毫米和195毫米。如果想将级数控制在13级以内，层高需要在2,600毫米以下。只要地皮没有严格的斜线限制，相比于一般的层高，2,600毫米的层高是过低的。不过，你可以像在建筑设计中看到的那样，打造高度2,200毫米的低矮天花板，或者使用桁架式顶棚，将二层地面的底板暴露出来。

楼梯的基本类型有直梯（炮梯）和折角楼梯（回梯），不过集两者于一身的矩形回梯却出乎意料地好用。直梯的平面基本尺寸是3尺×1.5间=1.5叠，级数为13级。如果要做14级台阶，就会溢出一级，如果把这一级做成3尺见方的楼梯平台，所需面积就会增加到3尺×2间=2叠，但除了背靠墙的一个面，其他三个面（上面、下面、前面）都是开阔向外的，因此这种样式对平面图的适应性更好。

折角楼梯和平面基本尺寸是1间×1间=2叠。如果将拐角处台阶设为4段，总级数就是13级；设为5段，总级数就是14级；设为6段，总级数就是15级。如果拐角处台阶是6段式，即使层高很高，也能收进2叠的空间里。因此在其他地方的房

[**楼梯的基本样式**]

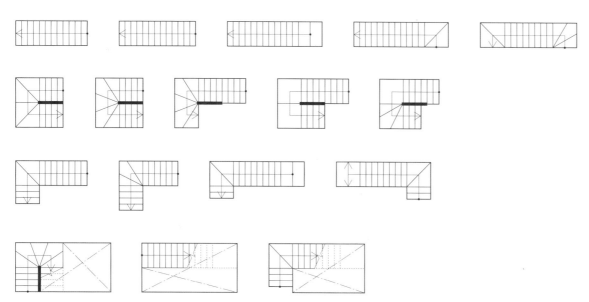

○标准样式是长度1.5间、级数13级的直梯，或者面积1坪、13（或14）级的回梯
○增高层高，或者降低踢高，余出的距离会对平面图有所限制

屋中，经常可以看见拐角处内侧的踏面很窄，但这样非常危险。尤其是对孩子较小或是有老人的家庭，还是杜绝这种做法为好。五段式折角的优点之一是可以将台阶设为14级，此外，由于拐角处和直梯处的步幅、节奏都相同，所以上下楼很方便，值得推荐。

由于直梯或折角楼梯的形状较易想象，所以在刚开始思考布局时，常会从其中之一入手。相比之下，除去和挑空的固定搭配，矩形回梯有即兴发挥的元素。当房屋布局陷入死板的僵局时，如采用直梯后产生了无用的走廊、选取折角楼梯后客厅过小等，使用矩形回梯解决布局问题，心情是很畅快的。

接下来，我们来看看楼梯的特点。就直梯而言，由于从一层上楼的楼梯口和从二层下楼的楼梯口是相对的，所以考虑布局时需要时刻注意它们的位置，这是稍微有些难度的。此外，由于宽度只有3尺，所以可以弱化楼梯的存在感，对于面宽狭窄或是小户型的房子来说，直梯是很实用的。但另一方面，如果把直梯设置在挑空中间，就会很突出楼梯的存在感，因此也有将直梯作为设计要素来使用的例子。

折角楼梯的优点在于，上楼和下楼的楼梯口位于同一垂直面，所以考虑布局时比较简单易懂。此外，楼梯折角是顺时针还是逆时针，对大多数的平面图没有影响，即使顺时针无法成立，也可以随时调整为逆时针。它的好处是可以将决定权留到最后。

无论选择哪种楼梯，在卧室和儿童房聚集的楼层，将楼梯设置在中央是基本样式。这样能缩短走廊，减少不必要的面积。一般来说，如果二层是客厅，房屋的下楼楼梯口会设置在二层中央；相反，会将上楼楼梯口设置在一层中央。如果是后者，玄关也在一层中央，就可以去掉走廊。

01. 折角楼梯的位置

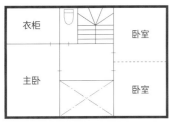

二层：设置在二层中央是基本样式

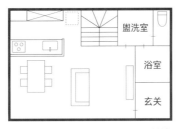

一层：将折角楼梯顺时针和逆时针的判断留到最后

02. 布局和楼梯的种类

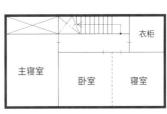

面宽2.5间以下的建筑物一般采用直梯

南面挑空的布局适合矩形回梯

03. 矩形回梯的位置

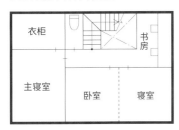

二层：把下楼楼梯口设置在二层中央是基本样式

一层：上楼楼梯口不在一层中央

04. 二层客厅的楼梯

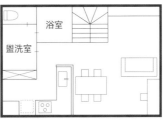

二层：二层楼梯会成为客厅和餐厅空间的一部分

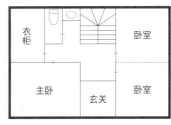

一层：将楼梯和玄关设置在一层中央是基本样式

05. 拐角处有台阶的折角楼梯

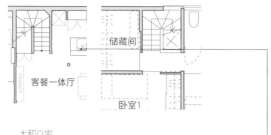

大和O宅
平面图（比例=1:150）

配合厨房的进深，在面积1坪的标准折角楼梯上加了1级台阶。楼梯较缓，踢高184毫米，级数15级

5段式楼梯出乎意料地好走。可以在二层下楼的楼梯口设置推拉门，在冬天防止冷气进入

06. 建筑物宽度较窄时，应采用直梯

在1.5间大小的标准直梯的头尾，分别增加一级3尺见方的台阶，做成踢高180毫米×15级的楼梯。3尺见方的增加部分对现有布局影响不大

町田T宅
平面图（比例=1:150）

为腿脚不方便的客户着想，限制踢高，使楼梯变缓

07. 容易融入房屋布局的矩形回梯

看上去类似直梯，楼梯下方的空间可以用于打造学习角

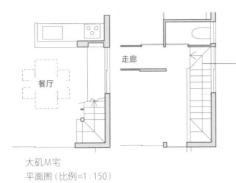

大矶M宅
平面图（比例=1：150）

直梯的方向性很强，因此有时容易打破布局。在起点或是终点处向侧方弯曲的矩形回梯较为便利

08. 和南侧挑空合为一体的矩形回梯

镰仓K宅
平面图（比例=1：150）

在比二层低1级的"阁楼"处设有学习角。从一层到学习角有12级台阶，踢高210毫米，楼梯有些陡

从挑空中间延伸向上的楼梯有很强的存在感，古夷苏木制成的扶手是一大亮点

09. 长距离、坡度缓和的折角楼梯

从楼梯的二层窗户获得采光，自然光可以照射到一层走廊

藤泽K宅
平面图（比例=1：150）

实际上用了3叠空间的折角楼梯，踢高180毫米，15级台阶。如果增加1级台阶，会对布局产生不小影响

10

挑空的两大要素：开放的位置与大小

01. 位于南侧客厅、餐厅上方的纯挑空

4.5叠的挑空为餐厅带来开放感的同时，也将二层的光线传递到了一层

镰仓K宅
平面图（比例=1：200）

担心邻地可能建有3层建筑，因此在房屋的南侧设置挑空。挑空将一层和儿童房连接了起来

02. 和北侧楼梯合为一体的挑空

一层的餐饮、学习角和二层的兴趣空间连接起来，形成了一个舒适的空间

伊势原K宅
平面图（比例=1：200）

客厅在二层南侧、楼梯在二层北侧的房子很多。与楼梯合为一体的挑空，可以用小面积取得大效果。

　　挑空不是必需的，但适用于受邻近房屋影响而采光不好的地皮、有孩子且想将一层和二层连接起来、想营造空间的宽敞感等情况。基于上述原因，一般将挑空设在客厅和餐厅的上方。而用挑空将玄关和厨房与二层连接起来，是个有百害而无一利的做法。在客房的上方设置挑空也是有问题的。如果想辅助采光，自然要把挑空设在南面，但如果目的是采光或建立空间联系，即使设在北面也可以。由于北面的光线比较稳定，对于亮度来说反倒比南面好，这样做还有一个优点是可以将2层房屋设置在南面。

　　虽然挑空的大小没有固定规则，但如果过小，一层和二层间的连接性会变弱；如果过大，空间的结构性会变弱。从这个角度来说，挑空的面积最小不能小于3叠，最大不能超过8叠。由于挑空确实不包含在建筑面积内，但若设置，房屋会变大，所以工程造价会增加。在房屋面积有限的情况下，要想花最小成本，将挑空的效果发挥到极致，最好的办法就是将其与楼梯组合起来。即使挑空只有2叠，如果将它和2叠的楼梯空间放在一起，效果就和4叠的挑空相同。楼梯一般设在北面，因此位于北面的挑空就可以采用这种方法；但如果是矩形回梯，它和南面挑空的搭配度也很好。

11

去除走廊的巧思

传统日式住宅的布局大都没有走廊，房间之间的移动纯靠步行。第二次世界大战后，伴随着房屋中餐厅厨房、卧室等不同用途的房间建立起来，走廊的数量便增加了。进入玄关后，走廊向深处延伸，将客厅、餐厅和用水区域分隔开。而房屋二层大多采取酒店式的布局——房间并排，由走廊连接。

走廊给现代住宅带来了诸多弊端。第一个弊端是阻碍通风。只要有出口和入口，风就会流动，如果中间夹着走廊，风的通道就被阻断了。尤其是分隔南面房间和北面区域（房间和用水区域）的中间走廊，这种布局是不好的。

第二个弊端是走廊会给人一种房子变窄的感觉。房间被走廊分隔，各个房间的面积得不到空间上的延展。如果将走廊和相邻房间（空间）合为一体，即使不增加面积，也能感受到房屋变宽。除非是大房子，否则自然会觉得，用走廊填充有限的房屋面积是一种浪费的做法。

由于不希望从客厅处看得见厕所，也不希望进入卧室前经过儿童房，所以在卧室和用水区域的前面设置一个功能性的走廊是有必要的。也就是说，虽然无法完全去除走廊，但关键时可以将它变短。

通过"加宽"的方式，也可以"去除"走廊。办法就是，扩大儿童房前的走廊，把它打造成学习角。这样它就不仅是一条通道，还方便通风，而且也产生了亲子间的联系点；也可以将通往用水区域的走廊变宽，把它打造成洗漱角或家务角，有效利用空间。

01. 将走廊缩到最小，空间宽敞

厕所和厨房门前的3叠面积被称作走廊。如果将和室的推拉门拉开，楼梯前面的走廊也会成为客厅空间的一部分

平塚K宅
平面图（比例=1：200）

02. 拓宽走廊，使其成为室内的晾晒场所

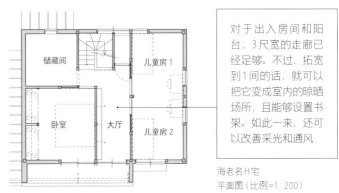

对于出入房间和阳台，3尺宽的走廊已经足够。不过，拓宽到1间的话，就可以把它变成室内的晾晒场所，且能够设置书架。如此一来，还可以改善采光和通风

海老名H宅
平面图（比例=1：200）

03. 如果楼梯和走廊并排，就容易获得采光和通风

走廊的宽度为三尺，与直梯结合后就变成了一个1间宽的空间，大大改善了采光、通风，提高了舒适度

茅崎H宅
平面图（比例=1：200）

04. 拓宽走廊，打造出阴影层次和家务空间

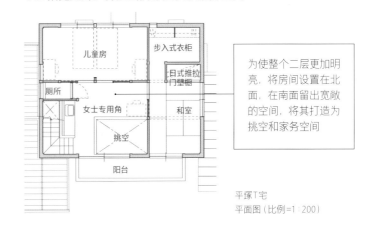

为使整个二层更加明亮，将房间设置在北面，在南面留出宽敞的空间，将其打造为挑空和家务空间

平塚T宅
平面图（比例=1：200）

12

用推拉门作隔断

传统日本房屋采用的是由梁和柱组成的木结构骨架工艺。在结构方面，它与需要建墙的砖混结构有着本质区别——房间的界限不是墙壁而是隔断。此外，在东亚高温潮湿的气候条件下，房屋的防暑降温对策也很重要。在这方面，日本房屋可以通过隔扇和门窗等建筑构件设置隔断，以此来改善通风，提高居住的舒适度。

当代社会，没有墙壁的房子是很难居住的，但花心思打通隔断和出入口以促进通风，是非常重要的。第一步，就是使用推拉门作为出入口。正常状态下，合页门是关着的，当它被打开时，就会成为一种阻碍。而推拉门无论开闭，都不会成为阻碍，而且这两种情况都是它的正常状态。所以，夏天可以把出入口开着通风，生活也惬意。

推拉门还可以用来连接相邻的房间，使二者成为一个空间。因此，有必要了解推拉门和房屋开口的大小关系。

如果柱子的间距是1间，那么想在宽度1间的柱子中间加入双轨推拉门，就只能设置3尺的房屋开口。如果将房间的一面打造成墙壁，另一面打造成单轨推拉门，也是一样的结果。如果想设置1间宽的房屋开口，一种方法是把隔扇和门窗等建筑构件从柱子之间拆下来（外接）后，做成可以推拉的样式；另一种方法是让构件保持不动，通过柱子的偏心结构来进行推拉。此外，由于在宽4寸的方柱里有3个建筑构件，如果将柱间距设为1.5间，可以使配件都集中在一侧的1/3位置，由此形成1间的房屋开口。同样的道理，如果柱间距为2间，将3个4尺宽的配件放进去，就可以得到8尺（12尺×2/3）的房屋开口。

[推拉门和普通门的区别]

○对于推拉门来说，无论开闭，都是它的正常状态。打开时方便通风，空间的连接感也会产生

○对于普通门来说，关闭是它的正常状态。打开时难以通风，各房间的空间也无法相互交融

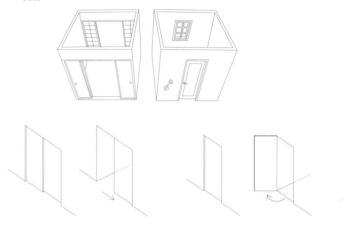

[柱间距为1间的房屋开口]

○由于双轨推拉门配件设置在宽1间的柱间距内时，会留下一半，因此房屋开口为3尺
○即使是外隔墙+单轨推拉门的组合，开口宽度也需要3尺。这种组合是出入口的样式最常见
○将建筑构件从柱子上拆下来，开口宽度就会变成1间

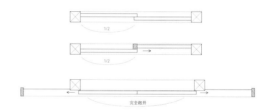

[柱间距为1.5间的房屋开口]

○如果是柱间距为1.5间的双轨或单轨推拉门，开口宽度就是它的一半，也就是4.5尺
○如果在宽1.5间的柱子之间设置3个建筑构件，或者是3尺宽的外隔墙+2扇双轨推拉门的组合，开口宽度就是1.5间的2/3，也就是1间

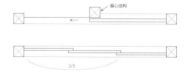

[柱间距为2间的房屋开口]

○去掉柱子，将房屋开口打造成2间，如果有4扇双轨推拉门，开口宽度为1间
○如果可以把中间柱子打造成可移动，开口宽度同样为1间
○如果加入3个建筑构件，或者是4尺宽的外隔墙+2扇双轨推拉门的组合，开口宽度为2间的2/3，也就是8尺

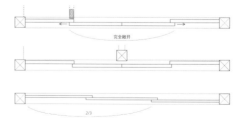

[全开型房屋开口]

○如果将建筑构件全部取出，设置凹槽（推拉门的滑轨），柱间距无论是1.5间还是2间，都可以打造成全开型

01. 与房屋开口相匹配的1间宽的推拉门

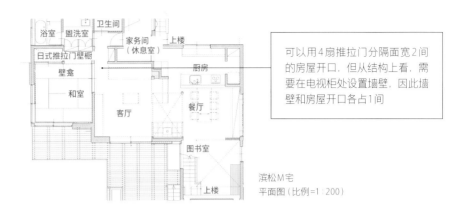

可以用4扇推拉门分隔面宽2间的房屋开口，但从结构上看，需要在电视柜处设置墙壁，因此墙壁和房屋开口各占1间

滨松M宅
平面图（比例=1:200）

宽度1间的建筑构件打造起来并不轻松，因为可能产生打乱布局的情况。但建成后，移动建筑构件时的开放感是十分特别的

02. 用2扇宽3尺的双轨推拉门分隔房屋开口（宽度1间）

由于和室的开口宽度为1.5间，在墙壁前拉开两扇3尺宽的推拉门，就可以打造出1间宽的房屋开口

御殿场K宅
平面图（比例=1:150）

在1间宽的房屋开口里打造双轨推拉门，只能敞开一半空间，也就是3尺。拉开后，空间的连接感就产生了

03. 用单轨推拉门将9尺宽度的一半打造成房屋开口，增加开放感

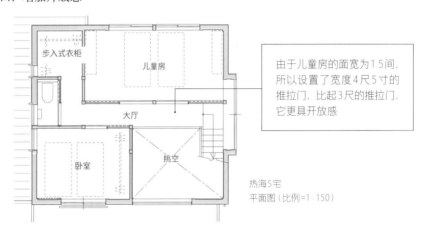

由于儿童房的面宽为1.5间，所以设置了宽度4尺5寸的推拉门，比起3尺的推拉门，它更具开放感

热海S宅
平面图（比例=1:150）

由于将两间房合二为一，开口宽度合计9尺。图中是一间和走廊、挑空合为一体的儿童房

04. 将4扇并排的推拉门叠放在壁橱前，每个墙壁转角敞开1间宽的开口

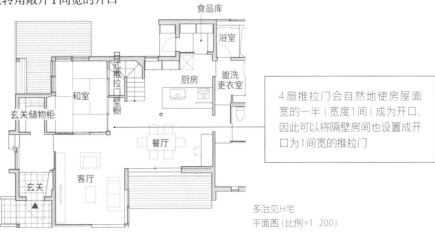

4扇推拉门会自然地使房屋面宽的一半（宽度1间）成为开口，因此可以将隔壁房间也设置成开口为1间宽的推拉门

多治见H宅
平面图（比例=1:200）

虽然1间宽的开口看起来不大，但如果每个墙壁转角都敞开1间，空间整体感会很强

13

3尺网格是布局的基准

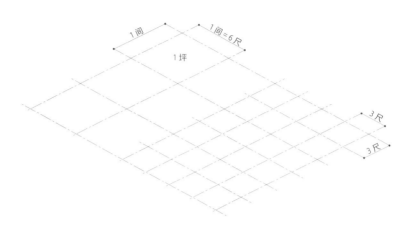

世界范围内大都使用统一的米制度量衡。即便是在建筑行业，图纸也是以毫米作为计量单位。但日本住宅的计量单位和思维模式，时至今日都是以"尺""间""坪"作为标准

在日本，不仅是传统木质房屋的尺寸以"间、尺、寸"来表示，很多房屋时至今日也仍在使用。1尺为303毫米，3尺为909毫米（为方便计算，常以910毫米计），1间为6尺，约合1,818毫米（为方便计算，常以1,820毫米计）。这个"3尺"就是考虑房屋布局时网格平面图的基本要素，走廊和厕所宽度的最小单位也是3尺。此外，1间×1间的大小称为1坪。在表示房间大小或屋内面积时，日本人即使听到"100平方米"，脑中也没有概念；但如果说30坪，就算是普通人也能想象出房屋大小。这就是日本人对"间""尺""坪"构成的计量体系的熟悉程度。

建筑材料的尺寸大多也是根据"间""尺""寸"来确定的。以柱、梁等材料为例，1.5间（2,730毫米）的跨度会用3米长的建材，2间（3,640毫米）则会用4米长的建材，这是市场通用的。除木材外，石膏板、胶合板、墙板等板材，市场上的通用宽度为3尺。和纸以及布的宽度一般都为3尺或1米，铝制窗扇（树脂窗扇）的尺寸也是与3尺或1米宽的柱间距相匹配的。因此，如果将布局的网格平面图从3尺或1间的计量标准改为世界统一度量衡，不仅浪费材料，还需要订购特殊长度的材料，是很不划算的。除非有特殊原因，否则，还是在不改动尺寸的前提下，有效利用市场流通产品和标准化产品较好。

02. 以1间、3尺的网格组成的结构

以1间或1.5间的间距设置地梁，铺设硬地板（多为钢筋混凝土材料），在两块地梁中间插入一块小梁的话，地板上就会出现3尺见方的网格

03. 以1间网格为标准的房屋空间

由于真壁房（日式建筑风格的一种，能看见柱子，墙壁铺设于柱间）有明显的柱子和梁，所以能看到3尺或1间的网格单元。如果房间布局与结构有机结合，就能够营造出空间之美

01. 套用1间网格的一层布局

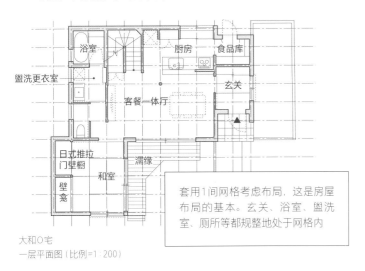

套用1间网格考虑布局，这是房屋布局的基本。玄关、浴室、盥洗室、厕所等都规整地处于网格内

大和O宅
一层平面图（比例=1∶200）

02. 套用1间网格的二层布局

决定二层大小时采用了3间×4间的矩形，这是直接套用1间网格的简单布局

二层平面图（比例=1∶200）

03. 以1间网格为基准的二层地板结构

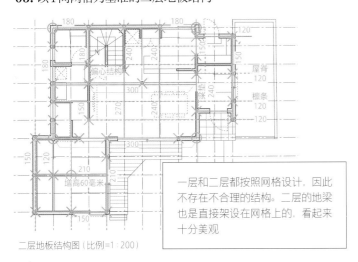

一层和二层都按照网格设计，因此不存在不合理的结构。二层的地梁也是直接架设在网格上的，看起来十分美观

二层地板结构图（比例=1∶200）

04. 以1间网格为基准的屋顶构造

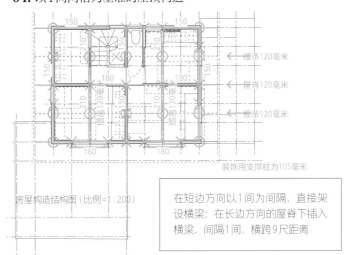

在短边方向以1间为间隔，直接架设横梁；在长边方向的屋脊下插入横梁，间隔1间，横跨9尺距离

房屋构造结构图（比例=1∶200）

装饰用支撑柱为105毫米

根据1间网格来规划

虽然书中写道"3尺网格是布局的基准"，但它也仅仅适用于只着眼布局的情况。在可以看到柱子和横梁的真壁房中，考虑布局时要以1间网格为标准，也就是3尺网格的两倍。由于横梁与檩条相接，所以以1间为间隔架设横梁的做法较为合理且经济实惠，同时横梁的位置和布局也易于整合。如果能在不打破1间网格的情况下制作平面图，横梁的位置和平面图就可以同时确定，结构也不会不合理。因为结构图也可以一并画出，所以不需要交给预切师傅（现场施工前，预先按照规格，在工厂裁切原材料的人）。

此外，在大壁房（日式建筑风格的一种，只能看见墙壁，看不见柱子。与"真壁房"相对）中，柱子无论设在哪，都是看不见的，因此在考虑布局时，可以不用担心它的位置。但真壁房就不一样了。如果柱子的间隔是3尺，就会非常显眼，给人一种视觉上的"嘈杂"感。从这个意义上说，如果横梁和柱子按照1间网格来排列，就会产生视觉空间上的美感。

因此，入门者考虑平面图时，还是应该坚持按照1间网格的标准。建筑物外沿的柱子应该按照1间的间隔排列，不能改动位置。虽然，这样不仅限制了开口大小，也无法自由布置房间，一开始或许会觉得很憋屈，但这正是此举的目的。这是一种训练——让你在意识到柱子和横梁位置的同时，思考房间布局。

当我们学习一门艺术或技术时，会经常听到"su（守）ha（破）ru（离）"这个词。首先，要完全听从他人的经验教诲，也就是"守"；只有掌握了"守"，才能进入"破（突破）"阶段。所以我们要养成用1间网格来考虑平面图的习惯。

15

划出1尺5寸，玩转布局设计

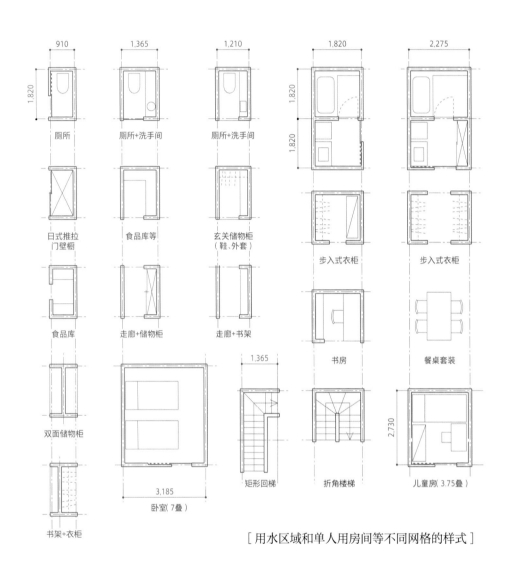

厕所　　厕所+洗手间　　厕所+洗手间

日式推拉门壁橱　　食品库等　　玄关储物柜（鞋、外套）　　步入式衣柜　　步入式衣柜

食品库　　走廊+储物柜　　走廊+书架　　书房　　餐桌套装

双面储物柜　　卧室（7叠）　　矩形回梯　　折角楼梯　　儿童房（3.75叠）

书架+衣柜

[用水区域和单人用房间等不同网格的样式]

　　如果用1间或3尺网格来考虑平面图，有时会发现尺寸不够。在这种情况下，可以在原有尺寸上增加1尺5寸（455毫米），也就是3尺网格的一半。如前文所述，对于厨房来说，1间的宽度太小了，可以把它设为7尺5寸（2,275毫米），用以容纳餐具柜和冰箱；或者把儿童房的宽度设为7尺5寸，将它打造成3.75叠或5叠的房间，就可以放得下洗手台。对于玄关储物柜和食品库来说，如果只有3尺宽度，人就不能在里面移动；将它设为4尺5寸的话，就能打造成不浪费空间的"步入式储物柜"。

　　不过，如果加宽1尺5寸，可能会引起布局失衡，同时也需要考虑房屋内增加的1尺5寸的用途。例如，如果将盥洗室加宽1尺5寸，打造成了储物空间，那么盥洗室对面的储藏间也得加宽相同尺寸，以去除布局失衡的问题。有效利用1尺5寸的方法之一，是把进深3尺的空间一分为二，将里外两部分分开使用。例如，进深3尺的日式推拉门衣柜是专门用于存放被褥的，对于其他东西来说，3尺的进深太大了，因此建议将其一分为二来使用；有时也会采用3尺的1/3，即1尺（303毫米）的宽度。例如，常见的样式是将进深3尺的空间按1∶2的比例划分，使书架和衣柜背靠背。有些时候，在厕所里增加洗手台的设计也很有用。

第 **3** 章　需要与布局同时考虑的事情

THINK MORE

只考虑布局还不够

掌握了布局的基本规则后，接着让我们来关注一下布局以外的要素。布局涉及的是平面，但住宅的设计不只是平面设计，同时还要考虑房屋的高度和断面。

首先是房子的外形。开始房屋设计时，最先考虑的便是房屋形状。需要先确定房屋的形状，然后往里填充布局，而不是将布局结果直接作为房屋的形状。在二维平面中，需要决定的是面积和框架；而在三维设计中，需要决定的是房屋高度和屋顶形状。这时候，"外观"这个要素就粉墨登场了。

"层高""屋顶""房屋开口"都是外观设计的基本要素。

降低层高，可以改善建筑比例，避免建筑显得呆板，"低调"的感觉也会给周围住户留下好印象。此外，日本建筑又被叫作"屋顶的建筑"。作为一种功能型结构，屋顶在还未设计时就起着非常重要的作用。最近，虽然也产生了没有屋顶（或看不见屋顶）的房子，但在多雨的日本，屋顶是很重要的部分，它的设计也不能忽视。大窗、小窗、中央窗、边窗等房屋开口的位置和大小，对外观设计有很大的影响，尤其是两层住宅，墙休越大，窗户的位置就越重要。

屋顶有几种不同的构造，每种构造的结构性特点不同，与布局的兼容性也不同。不仅是屋顶形状，被称为"剖面图"的房屋断面规划也会大大改变室内空间。除了外观中接触的"层高"，还有"天花板高度""内部高度""屋檐高度"等各种高度尺寸都必须提前掌握。在考虑平面图时，不仅要像拼图一样组合平面，还要同时考虑剖面图和屋顶，这样制作出的平面图才有立体感。

思考外观和屋顶的时候，我的头就开始疼了。因为纵观日本的住宅区，根据业主的喜好和设计师的情况，房屋的设计各式各样。由于重文化、更重经济的民族性格，建筑和住宅没有标准，这也是不可避免的。但我们至少要考虑到与"左邻右舍"的和谐。

02

限制层高，好处多多

01. 受到斜线限制影响的建筑外观

上图：将房子建在北面，屋顶受北侧斜线影响严重
下图：四坡式屋顶被斜线截断，令人心疼

02. 比较不同层高给邻近房屋带来的影响

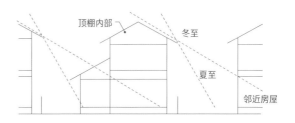

[高房屋对邻近房屋的影响]

房屋越高，冬天时的太阳阴影就越长。如果相邻建筑之间的
间距不够，就会夺走北面房子的阳光

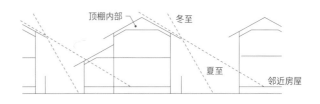

[低房屋对邻近房屋的影响]

在相邻建筑之间的间距相同的情况下，如果房屋变低，阳光
就能照到北面房屋

降低层高就是降低房屋的高度。很多人听到"降低"二字，或许会认为自己吃亏了，这是错误的思维。除去那些注重外表和体面，或者对于天花板不高就誓不罢休的人，降低房屋高度并不是什么坏事。相反，它还有几个优点。

在宽敞的地皮上，能够与邻近房屋隔开足够的距离，因此房屋高度没有影响。但在市中心等城区，由于地价高、住宅面积小，房屋会"填满"整块地皮。

当受到1类低层住宅专用区域的北侧斜线，或市中心1类高度地区的高度斜线（符合北侧斜线要求，且房屋绝对高度不超过10米）等规定的严格限制时，如果按标准层高设计建筑，可能会因为斜线的影响，导致屋檐无法延伸、屋顶被截断，或者不得不在屋檐中间将其折断。受斜线影响的建筑外观是不美观的。为了使建筑不受斜线影响，层高一定要低，只要平时对它有所意识，就可以在不大幅度改变设计风格的情况下做好应对。

就像这样，在居住环境受法律限制保护的区域，虽然设计自由被限制，但对居住在那里的人来说并不是坏事。但是，在没有限制的地区，对层高的自我约束是必要的。如果抱着"只要遵守容积率的要求，想盖多少就盖多少"的想法建造大房子，就会给北面、乃至周围的邻居都带来麻烦。此外，环境的负荷也会加大，这对全球环境是不好的。从体恤周边住户的角度出发，限制层高也是很重要的。

03. 屋顶的存在感较强的古民居

虽然根据地区的不同，房屋样式也不一样，但屋顶和房屋开口的存在感较强，这是日本民居的共同点

04. 墙体压迫感强的单坡屋顶住宅

单坡屋顶坡度较高的房屋与3层建筑相差无几，外观没有紧凑感

05. 层高较大，屋顶和窗户失衡的外观

如果为了获取天花板高度而增高层高，屋顶和房屋开口的搭配就会失衡，外观显得不美观

06. 限制高度、比例匀称的住宅

由于限制了层高，比例变得匀称，即使是大户型，也不会给周围带去压迫感

　　"proportion"一词的直译是"比例"或"匀称"。"比例好坏"这句话主要是用来形容人的体型，但也可以应用到建筑上。日本古民居是大比例屋顶的建筑。茅草房的屋面坡度较陡，从正面看去，一半以上的建筑都是屋面，瓦屋、瓦顶房的墙面面积不大，屋面和开间的存在感较强。然而，我们今天的房子的屋顶的存在感已经无限缩小，窗户也变小了，只有墙面突出了。即使是有屋顶的房子，如果层高过高，会失去屋檐、墙体、开间的平衡，也不美观。如果屋面的坡度很陡，就需要一定高度的梁高，但如果坡度在4寸左右，可以肯定的是，只要把层高降下来，比例就会得到改善。

　　不仅是美观，从实用层面来说，限制层高也是很重要的。如第2章中所述，如果一层的层高过高，那么就需要增加楼梯级数或者踢高。如果不改变级数，只增加踢高，那么儿童和老人使用楼梯就会有困难。如果增加级数，虽然上下楼会比较方便，但需要额外的空间来放置楼梯，会增加平面布局的难度。因此，最好尽量降低层高。

　　限制层高的另一个好处是外墙面积和屋内容积都会变小，这将有助于降低工程造价。想把天花板做得更高，可以不把吊顶水平铺设在梁下，而是选择将地梁和屋梁露出来。这样一来，虽然降低了层高，但可以利用更多的空间。

简化二层形状，使屋顶变得规整

你在古镇漫步过吗？虽然每个房子看上去都不完全一样，但并排看的话，就会发现它们和周围的房子很协调，非常漂亮。由于屋顶和墙体的材料相同，所以在颜色上有统一感。但更重要的原因是，从建筑的外部看，屋顶的形状是一致的。

换个角度来看，如果着眼于现代住宅区，我们不能在房屋与周围环境的协调方面有太多奢望，因为各种房屋建筑商和土木工程公司都在建造有自己风格的房屋，而忽略了历史和文化等背景。遗憾的是，在日本，除了大规模建造的商品房，很难使整个住宅区或城镇景观具有统一感。

因此，我想就此呼吁："如果营造统一感比较困难，至少让房屋成为'简单矩形（二层平面）+双坡屋顶'的样式"。通过对齐二层屋顶，使房屋的天际线齐平，这样将更易感受到城市景观的协调。

需要简化二层平面的另一个原因是结构。二层楼房的基本结构不是"一层+二层"，而是"总2层+下屋（没有二层的一层平房部分）"。如果是在一层建好的基础上，再放上二层，就会出现结构上的不稳定。稳定的结构是，二层平面外围的柱子延伸到一层，支撑起整个二层，同时下屋紧贴柱子旁边。如果房屋面积大，二层平面图可能会有些复杂，但对于一般的房子来说，二层的布局首先要找到最佳尺寸的矩形（四边形）。

01. 有协调感的古镇

郡上市八幡町的街道模样。被当地风土、气候和文化孕育出来的日本民居经过改造后，现在仍在被使用

02. 有协调感的古镇民居的正面图

有田町的街道模样。街道并非只是相同房屋的简单重复，而是协调中不乏个性

03. 现代住宅区内充斥着设计风格参差不齐的房屋

宽阔的土地被卖出后，每家都会按照自身喜好的风格建造房屋，街道看起来就像一个房屋展览馆

04. 虽有协调感，但这样好吗

由同一家公司大量建造的商品房。虽然确实达到了协调，但外国风格的街道让人有些不理解

05. 如果二层平面呈锯齿状，双坡屋顶就会不美观

如果二层平面像锯齿一样凹凸不平，双坡屋顶就会被切分成小块，看起来不美观

06. 如果二层平面呈锯齿状，四坡式屋顶也会效果不佳

虽然四坡式屋顶不如双坡屋顶显眼，但会像车厢连接起来的列车一样，看起来不美观

07. 屋顶的裁切和延伸很粗糙

只是根据建筑的凹凸程度，将屋顶相应地延长或缩短。这不能叫作设计

08. 平面呈矩形的二层和双坡屋顶

去掉二层多余的凹凸设计，只需"矩形平面+双坡屋顶"的组合，就能让城镇看起来很美

09. 稳定的结构和不稳定的结构

将二层打造成矩形，是为了从一开始就建造结构稳定的主屋。过于凹凸不平的二层，是布局"贪心"的标志

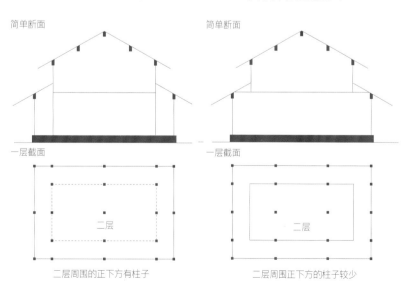

[结构稳定的房子]　　　　　[结构不稳定的房子]

简单断面　　　　　　　　　　简单断面

一层截面　　　　　　　　　　一层截面

二层　　　　　　　　　　　　二层

二层周围的正下方有柱子　　　二层周围正下方的柱子较少

10.
房子的大小和
架构的变化

保持二层平面不变，将其高度延长至二层楼高，即为"总2层房屋"

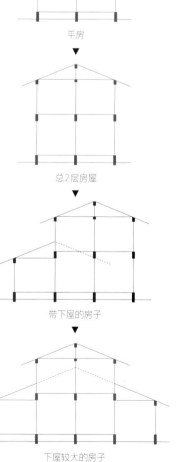

平房

▼

总2层房屋

▼

带下屋的房子

▼

下屋较大的房子

04

房屋开口的思考方式

提到窗户的作用，首先想到的便是"采光"。但在日本炎热潮湿的气候下，不仅是采光，通风也很重要。因此，打造布局时，要在考虑采光、通风的同时，决定窗户的位置。不过仅仅这样还是不够，因为窗户的位置和大小是外观设计的要素。不仅要立足布局，还要基于建筑外观去决定窗户的位置和大小。

从建筑设计的角度看，理想的做法是尽可能减少窗户的数量。窗户一多，它的大小、位置和高度就很难统一，导致房屋开口不一致，外观不协调。但是，为了保证采光和通风，大幅度减少窗户数量的做法是不现实的。

另外，日本气候、风土孕育出的建筑样式有着这样的外观：柱子和房屋开口连续出现、墙体较少。此外，还有大屋顶、深房檐，这些已经成为日本建筑的一大特色。我认为无论是现在还是将来，这都是日本房屋应该继承的样式。但如果建筑物的墙体极少，其抗震能力就会减弱，不仅不易通过结构计算来确认建筑物的安全性，在实用层面上也会产生困难。

在此种情况下，想取二者之精华，我们可以这样考虑。

①尽量使窗口连续。将两扇窗户并排放置，从室内看到的窗外景观也是连续的，从外观上看会产生"只有一个房屋开口"的视觉效果。

01. 仅考虑布局来决定窗户的住宅

在房屋北面，经常可以看到这样的外观：小窗杂乱地附在墙壁上

02. 窗户排列颇具个性的住宅

不仅是窗户的位置，窗户的种类也颇具个性，没有统一感。如果是道路一侧的屋子，需要注意防窥

03. 墙体较少的日式房屋外观

房屋开口使室内与庭院产生一体感和兼容性，颇具魅力，这点是非常明显的

04. 墙体较少的日式房屋的房屋开口

如果考虑到耐震能力和隔热能力，打造这种墙体较少的住宅时，会产生困难

②不要随意地设置小窗。与其在能设的地方随意设置窗户，不如考虑是否真的有必要设置。而且，在设置小窗时，要考虑外观。例如，如何将它们并排连续摆放、如何将一层和二层窗户的位置对齐等。

设计真壁房的时候，基本原则是柱子间隔1间，柱间距要用房屋开口填满，因此小窗不适合这种风格，这点需要注意。在打造布局的时候，我会假想柱子的位置，设置1间的房屋开口，如果柱间距只有3尺，那就考虑使用3尺的小窗。对于用水区域和储物区域来说，由于它们常采用大墙，所以即使设置小窗也没问题，但也要在仔细考虑窗户大小、位置的同时，将其落实进房屋布局。其次，我会制作一张外观透视图，以验证房屋开口的视觉效果。如果哪部分效果不好，就改变窗户的大小和位置，再反馈到布局上。综上所述，"不要仅考虑布局来决定窗户"这件事是很重要的。

05. 房屋开口连续的住宅外观

将相邻房间的窗户并排，尽可能使房屋开口连续，就会形成这样的外观

06. 房屋开口连续的住宅外观

使墙壁和房屋开口具有层次感、保证房屋耐震能力的同时，使其更接近于日式房屋的特色

07. 内嵌收纳空间会使房屋开口看起来更大

如果防雨板处有内嵌收纳空间（收放板窗等的缝隙），外壁的面积就会减少，房屋开口看起来会更大。由于铝材不能保温，建议用木材制作内嵌收纳空间

08. 并排设置小窗的住宅外观

将北面和西面的小窗的上下左右对齐，如此一来，便不知道哪个是楼梯的窗户

09. 对齐小窗，利用垂直格栅将其统一

并排小窗，使挡板连续，再用格栅罩成一个整体，使其更具整体感

10. 将小窗上下对齐，利用垂直格栅将其统一

将街道一面的窗户减少并靠至中央，利用连续的垂直格栅，将一、二层的房屋开口整合起来

05

屋顶的成败取决于"坡形"

屋顶形状有很多不同类型。但是，木质住宅中使用的屋顶主要有3种，分别是双坡屋顶、四坡式屋顶和单坡屋顶。虽然在地方的神社、寺庙和日式房屋里也能看到"歇山式屋顶"（双坡屋顶和四坡式屋顶的组合，分上下两部分。上部是双坡，下部是四坡），但对于新建住宅来说，仍属小众。在北海道，由于积雪量大，产生了利用平屋顶消融积雪的做法。但考虑到要依靠防水工程，因此对于降雪量少的一般地区，不建议其房屋采用平屋顶。此外，有的房屋在一层上方会设置阳台，但由于这种结构与平屋顶相同，如果考虑长期居住，避免不了总得担心漏雨的问题。

世界上有许多四坡式屋顶。其优点之一是外墙和屋顶的面积较小，可以降低成本。由于建筑物周围的屋檐高度相同，所以能够保持外墙清洁、不受雨水侵袭，这是它的另一个优点。而且，因为屋顶总是搭在凹凸、复杂的平面上，所以不需要考虑太多。但这样做的结果是，房屋北面的布局略有不平整，屋顶显小。房子较小，过于复杂的平面布局和屋顶并不美观，反倒显得屋顶和布局很累赘，因此不推荐。像平房那样平面较大的房子，采用四坡式屋顶的话，屋檐就会围绕在同一水平面，风格鲜明，非常美观。

近来，单坡屋顶越来越多。流行的主要原因有以下几个：一是空间较大，易于打造阁楼；二是消除了屋顶的存在感，把建筑打造得像盒子一样，外观拉风；三是成本较低。但是，如果将屋檐露出来，外观看起来就比较一般了。特别是斜坡上升的立面，如果墙体太大，布局就显得很呆板。由于屋顶的结构简单，即使房屋平面有些凹凸，只需盖上个屋顶便可解决。最大的缺点是不能与景观融为一体。如果是在住宅密集区或北侧斜线规定较为严格的区域，为增加宜居性而煞费苦心，这是不可避免的。但如果是普通住宅区，尤其是郊区的住宅区建有这样的屋顶，我就觉得有些可怕了。如果作为日本的风景存在个几十年、几百年，该会是什么样啊？

接着该轮到双坡屋顶了。即使是干栏式仓库和古代的神社建筑，其屋顶的原型也是双坡屋顶，这种简单形状的合理性不言而喻。由于很多日本老房子的屋顶都是双坡或四坡，所以采用双坡屋顶，无疑可以与街道景观和或其他景色融为一体。与其他类型的屋顶不同，"妻面"是双坡屋顶的显著特征，因此它的难点是，如果窗户位置设置不好，就会不美观。对简单的矩形平面而言，双坡屋顶的结构和形状与其他屋顶一样简单；当平面变得比较复杂时，就像四坡式或单坡屋顶那样，不能简单地架上屋顶。制度的严格反倒像是一堵防止平面形状随意复杂化的提坝，十分可靠。

01. 屋顶的类型

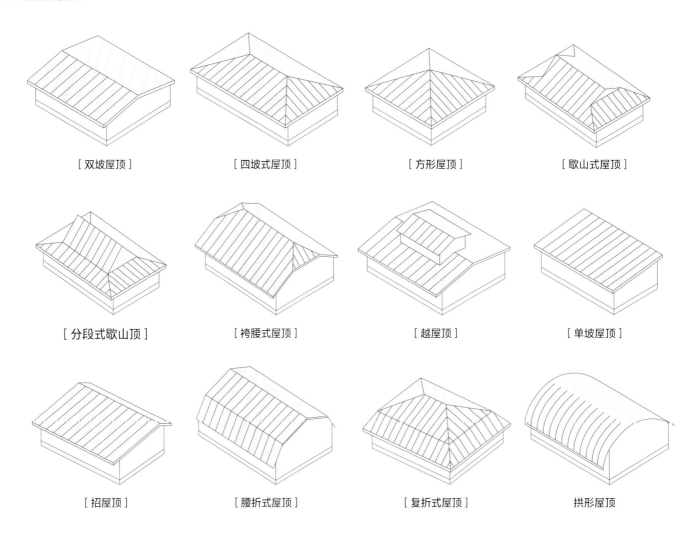

[双坡屋顶]　　　[四坡式屋顶]　　　[方形屋顶]　　　[歇山式屋顶]

[分段式歇山顶]　　　[袴腰式屋顶]　　　[越屋顶]　　　[单坡屋顶]

[招屋顶]　　　[腰折式屋顶]　　　[复折式屋顶]　　　拱形屋顶

02. 双坡屋顶

这是最基本的屋顶形状，在正脊（屋面的连接线，即屋脊）两侧铺有两个屋顶斜面，形状简单

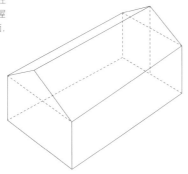

03. 四坡式屋顶

屋面从长方形平面的4个面向屋脊倾斜，由1个正脊和4个垂脊组成

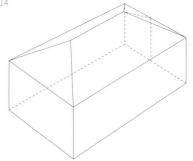

04. 歇山式屋顶

将四坡式屋顶的正脊延伸后打造出三角形坡面。相当于将双坡屋顶放在四坡式屋顶上的形状

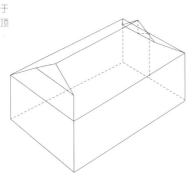

05. 单坡屋顶

单侧檩条高抬，屋面只向一侧倾斜。这是一种简单、直接的形状

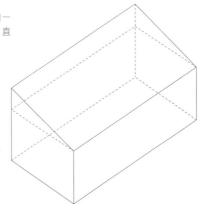

06

层顶构造与户型的关系

日式屋顶的构造一般叫作"小屋组"。由于小屋组有不同的类型和特征，本章中我们将确认一下它们之间的区别。

木质屋顶架构中最简单的"椽子构造"是一种省去水平的横梁、从脊檩到檐檩都只由椽子架设而成的简单结构。由于没有水平构件，椽子和望板（铺在屋顶瓦片或石板下面的底板）形成了坡度平缓的水平构面，室内出现了活用平缓坡面的空间，这种风格颇具魅力。但如果是双坡屋顶，由于屋面1.5间、梁间距3间是这种结构的极限，所以椽子构造的缺点是只能应用于户型小的房屋。此外，它的另一个缺点是自由度低，其对布局的限制较为严苛，布局必须符合结构要求。

"爬山梁构造"指的是按照屋顶坡度，在檐檩和脊檩中间架设爬山梁，代替椽子经由屋檩的结构。由于它和椽子构造一样，没有水平构件，因而内部空间简洁；但相反，它的平面内刚度只能根据坡度来考虑。而且，由于爬山梁易于横向散开，所以需要构件来抑制开口。此外，虽然它和大空间的匹配度高，但对于隔断较为琐碎的房屋布局，不能充分发挥结构特点。为了弥补这些不足，爬山梁和横梁有时会一起使用，不过失去了构造方法的纯粹性和简洁性。

爬山梁构造的优点是，除了上述的简洁的内部空间，还可以增加梁的断面，创造出比椽子构造更大的空间。此外，如果将爬山梁延伸到建筑外侧，在3尺处插入屋檩，就可以将屋檐露出1间左右。这种较深的出檐宽度只有用爬山梁才能实现。

"洋小屋"顾名思义，是种舶来的构造。它又称桁架，指的是利用木材抗压、抗拉强度高的特点而形成的合理小屋组。其优点是可以用小构件支撑大空间，学校、工厂等规模较大的场地均可使用。由于洋小屋由小构件和金属连接件组成，所以对于室内空间来说不适合"露出"。原则上，顶棚会水平地铺在小屋组的下面。

"和小屋"指的是在几乎水平架设、固定的檐檩和梁（又被称作"地回"）的上面，将狭束和脊檩组合，用以支撑椽子的结构。通过水平固定屋顶梁，可将"地回"看作上下独立的两部分，因此无论正下方的布局如何，屋顶的样式都不会受影响。这种针对布局的灵活性是和小屋的优点。但此种构造需以技术为前提，且铺开顶棚后需要遮挡小屋组，是使"屋顶可以从后考虑"的这种坏习惯成为普遍现象的罪魁祸首。

对于一般的和小屋来说，屋檩间距为3尺，屋檩的狭束连接着的梁间隔1间，因此小屋组内的狭束"丛生"。在这种情况下，无法将内部构造露出，因此在大多数情况下，和小屋大都会在梁的下面铺开顶棚，以遮挡它们。为此，我想在和小屋的基础上，加入椽子构造和爬山梁构造的设计特点，将其改造成一个颇具魅力的结构，以表达日式住宅的力量和美感。

具体来说，将椽子的长度增加到3～3.5寸，将屋檩的间隔扩大到1间。这样一来，狭束的数量会减少，即使在室内露出也不会觉得碍眼。将屋顶梁作为一种装饰元素呈现，同时利用斜顶棚或凹式顶棚，就可以创造出颇具魅力的空间。

01. 椽子构造

主要的水平建筑架材是檐檩、屋檩和脊檩。由于这些都是长边方向的材料，所以它的缺点是短边方向的强度很差

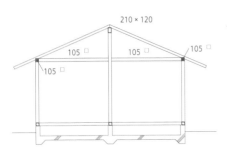

椽子构造

椽子构造。朝向屋檐等距放置的是椽子，与其垂直相交的是屋檩

02. 爬山梁构造

与屋面平行的爬山梁以1间或3尺间隔架设，可以打造出一个简洁的大空间

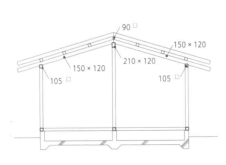

和小屋

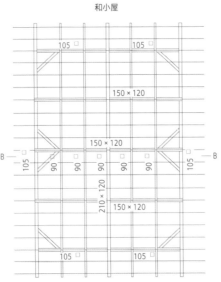

为了获得屋面的水平刚度，以3尺间隔架设爬山梁，并在3尺间插入连接梁

用作结构面材料的杉木板铺在组合成格栅状的房梁组件上，在室内看起来像块装饰用的望板

03. 洋小屋

通过合理拼装断面小的木材，可以创造出没有柱子的宽敞空间

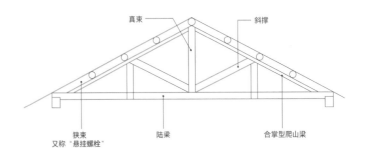

04. 和小屋

一般的和小屋都以屋顶隐藏在顶棚内部为前提,
由屋顶梁、狭束和屋檩等组成

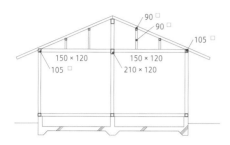

老房子的顶棚内部或多或少都是这样的景象,
这个房子使用的房梁较为干净

05. 与椽子构造组合的和小屋

上图: 由于小屋组的梁间距为3间,为减少支狭束的数量,将屋檩插在距檐檩
3尺处(距中央的脊檩1尺)的位置。
中图: 这是左边小屋组的竣工照片,由于通风箱位于脊檩下方,所以斜顶棚的
坡度比屋顶还要更缓
下图: 屋檩位于距檐檩1间处,距檐檩3尺的水平顶棚向屋檩倾斜,可以清楚
地看到架构

07

屋顶的相关原则

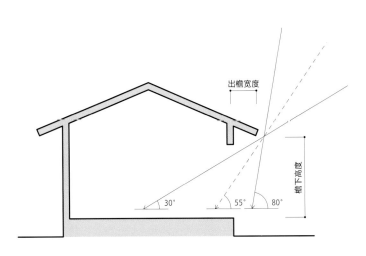

01. 出檐宽度和夏季遮挡阳光

在镰仓, 夏至时的正午太阳高度角是78度, 冬至时是31度。
为了在夏季遮挡阳光, 在冬季获取光照, 将出檐高度设为檐
下高度的约1/3即可

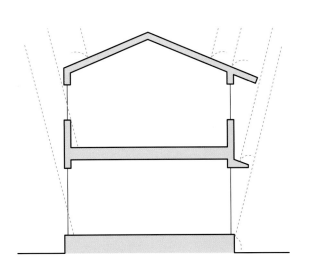

02. 屋檐的有无和进雨

如果窗户上方有屋檐或挡板, 即使是雨天也可以打开窗户;
但如果没有, 就无法防止进雨

我们把屋顶做成了"双坡"。以双坡屋顶为前提, 有以下
几个基本规则: ①露出屋檐; ②原则上, 屋顶坡度一致; ③不
能产生"水平谷"。我们依次来看这些规则。

"露出屋檐"的作用之一是遮挡阳光。如果屋檐露出3尺,
就可以阻挡夏季大部分的阳光。如果在无屋檐房子的南面有
扇大窗户, 阳光的直射会使室温升高, 到了夏天室内温度会很
严峻。虽然也有"提高玻璃性能""安装百叶窗"等其他防晒
方法, 但"露出屋檐"无疑是最简单的。

"露出屋檐"还有一个作用是为了防止房子被雨淋。如果
房子没有屋檐, 雨水就容易打到外墙, 造成房屋受损, 而且雨
水不断顺着外墙流下来, 还容易弄脏外墙。而且, 屋顶与外墙
相接的地方也是一个薄弱点。如果有屋檐, 即使下雨也可以
开窗。下雨就意味着屋内的湿度也会变高, 需要开窗通风、换
气; 如果这时候没有屋檐, 雨水就会吹进屋内。有人会说"用
空调不就行了", 确实如此, 但我觉得应该先提出一个不依赖
机器也能住得舒心的方法。针对这点来说, 四面出檐的四坡式
屋顶更有优势, 但如果是对于只有第二层才有屋顶的总2层房
屋的一层窗户来说, 无论是四坡式屋顶, 还是双坡屋顶, 都是
一样的。

因此, 如果上面没有屋檐, 那么就需要设置挡板。像总2
层那样的建筑物的一层窗户便是如此。双坡屋顶的妻面(三角
形壁面)叫作"keraba", 由于窗户正上方没有屋檐, 所以也
是同理。此外, 当地皮狭小或斜线限制严重、无法露出屋檐
时, 需要在窗户上方设置挡板。在建筑物的南侧, 挡板要深一
些, 以遮挡阳光; 但在其他侧面, 挡板的深度足够截断雨水、
防止雨水吹进屋内即可。

屋面坡度取决于屋顶铺装材料。一般来说, 瓦片屋顶的
坡度应在4寸(约21.8度)以上, 金属板屋顶的坡度应在3寸
(约为16.7度)以上, 瓦条屋顶的坡度应在1.5寸(约为8.5度)
以上。一旦决定了屋顶材料(铺装方式), 坡度就能确定, 原
则上来说, 每个房子的屋顶材料和坡度都是统一的。

当二层屋顶为双坡型时，自然要把屋脊放在左右两边檐檩的正中间，以形成对称的屋顶。想要强行改变屋脊的位置，如果"地回（几乎水平架设、固定的檐檩和梁）"不变，左右的坡度就会发生变化；想要保持坡度，就需撤下一侧的檐檩，如此一来"地回"便会倒塌。原则上，无论从结构上还是设计上都不应破坏对称的造型。

但要注意的是，如果将房屋短边方向的面宽设置成3.5间或4.5间等具有小数点的长度，由于二层的柱子位置和屋脊位置会错开，屋内露出脊檩和脊檩束（真束）的话，就会给人带来不适感。在这种情况下，就得通过插入上屋梁等方式来避免露出脊檩束。由于会露出脊檩束，如果打造"小屋里收纳"（利用屋顶和顶棚之间的空间打造储物场所），有时就会将屋脊与柱子对齐，故意做成左右不对称的样子。

一般情况下，下屋的屋顶铺装材料和坡度应与二层的屋顶匹配。但是，如果下屋的宽度很大，屋顶顶部可能会撞到二层的窗户，这完全是设计上的错误，但通过减缓下屋的屋顶坡度来"逃避"，更是设计不佳的证明。如果屋面铺装材料相同倒还好；如果二层是瓦房，但下屋却是坡度较缓的金属板房，那就不好看了。为避免这种情况，在布局阶段需要提前考虑下屋顶（从二层建筑墙面突出的"差掛屋顶"）的高度。

屋顶与屋顶连接处产生的切线称为"谷"。如果屋顶平面1和平面2形成90°（如东面和南面），它们之间会产生有坡度的"下谷"，除非施工很粗糙，否则问题不大。但如果平面1和平面2相向（如南面和北面），就会产生一个与地面平行的切线，这就是所谓的"水平谷"。虽然水平谷也有轻微的坡度，但由于易堆积落叶、易积水，雨量大的话，水便会溢出，屋顶必然会漏水。

单一的矩形平面屋顶是最安全的，因为不会产生"谷"。但房屋面积一旦变大，单一屋顶往往行不通。如果屋面复杂交错，或者上层楼房的墙壁和下屋相撞，一定要避开水平谷。

03.
在妻面一侧的窗户设置挡板

由于屋顶坡度为5寸（约26.6度），窗户与屋顶间的距离比平时大得多，所以在窗户上设置挡板是必需的

04.
在正上方没有屋檐的一层窗户处设置挡板

由于南面的落地窗在主屋一层，所以设置了挡板

05.
面宽3.5间，将屋脊设在房屋中央的左右对称型

虽然是短边方向3.5间的小屋组，但为了不在室内露出脊檩束，于是将屋脊居中，使屋顶对称

06.
面宽3.5间，将屋脊错开的非对称型

短边方向为3.5间，由于顾客要求打通阁楼，所以按照3尺网格结构，保留屋脊位置，打造成左右非对称型

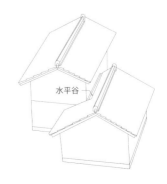

07.
不能产生水平谷

如果两屋的墙壁相对处有坡度，就会产生"水平谷"。水流不出去容易积聚，往往会成为漏雨的原因

08

把握高度关系

"层高"是最基本的高度尺寸，指的是从下面一层的地板到上面一层的地板的高度；"顶棚高"指的是从地板到顶棚的高度。"一层层高"指的是一层地板到二层地板的高度，"二层层高"指的是二层地板到檐檩的高度。

如果增加层高，顶棚高度也容易变高，但如前几章所述，建筑的高度比例会变差。而且也会导致踢高或楼梯级数的增加，这些都会影响到房屋的实用性和平面布局；如果降低层高，建筑的比例会变好，上下楼会更轻松，且由于不需要考虑多余的空间，布局也更易打造。但需要相应地降低顶棚高度或缩小"天井怀"（顶棚内部）的尺寸。

在某房屋制造商的广告中，有句台词是这样的："顶棚高的房子真棒。"确实，如果是30坪左右的宽敞空间，如果顶棚不够高，就会有压抑感。不过，如果客厅、餐厅只有15坪左右，顶棚就不一定需要高。通过降低顶棚高度，有时反倒可以使房间变得更宽阔。如果是6～8坪的房间，顶棚低的房间居住起来更加舒适。

即便如此，如果要在确保顶棚高度的前提下降低层高，不能将梁藏在顶棚内部，而是需要将顶棚铺展在房间可以看见的地方。后面会详细解释梁和顶棚的关系。另一方面，如果想在不露梁的情况下降低层高，可以通过将顶棚高度控制在2,300毫米以下来实现，但由于这是房屋建筑商创造出的示意形象，一般人很难理解。

在屋顶的构造中，支撑望板的椽子从脊檩架到屋檩上，甚至超出屋檩末端。从脊檩到椽子最远端的水平距离叫作"出檐宽度"。如果是斜屋顶，屋顶末端的高度（以下简称"檐下高度"）会随出檐宽度和屋顶斜度改变。如将出檐宽度的标准定为900毫米，如果坡度为5寸（约26.6度），屋檐就会降低450毫米；如果坡度为4寸（约21.8度），檐下高度就会降低360毫米，以此类推。在此基础上，加上有屋顶的楼层的层高，就可以得出檐下高度。如果层高2,400毫米、坡度5寸，则檐

下高度为2,400毫米-450毫米=1,950毫米；如果层高2,400毫米、坡度4度，则檐下高度为2,400毫米-360毫米=2,040毫米。

此外，正如屋顶斜度和出檐宽度决定了檐下高度，下屋顶的屋顶斜度和跨度决定了屋顶与主屋接触的高度。如果坡度5寸、下屋顶宽1间（1,820毫米），则屋顶会高出檐檩910毫米；如果宽1.5间（2,730毫米），则会高出1,365毫米。如果宽度2间（3,640毫米），就会足足高出1,820毫米，在这种情况下，主屋二层就只能设置高窗。这点将在第4章中讨论，它在思考一层布局时十分重要，请尽早记住。

接下来需要掌握的高度尺寸是"内法高度"。"内法"是指两个相对构件间的距离（内侧和内侧间的距离），"内法高度"则是指从门槛上端到门楣下端的高度。一般情况下，同一房屋内的所有内法高度都是相同的，传统木屋的内法高度为5尺7寸至6尺（1,730～1,820毫米）。不过，由于现代人的身高变高，现代房屋的内法高度也越来越高，特别是铝合金窗框的现成尺寸有1,800毫米、2,000毫米、2,200毫米三种，因此很多房子的内法高度是2,000毫米。但如果考虑到顶棚高度和小墙（门楣与顶棚之间的墙壁）的平衡，建议将内法高度控制在1,800～1,900毫米。还有一种设计方法，就是利用2,200毫米的现成窗框，将房屋开口和顶棚高度也设为2,200毫米，以此来增加开阔感，但我认为这种方法不适用于真壁房屋。

内法高度和檐下高度的关系也很重要。从前文提到过的遮挡日晒和获取日照的观点来看，当出檐宽度为900毫米，檐下高度就会是2,700毫米。这样的话，无论从外观看还是从内部看，都显得有些过高。如果将檐下高度设为与内法高度相同的2,000毫米，那么出檐宽度只需670毫米就足够了。可以参照传统木质住宅的空间，调整各部分平衡，从而打造出内外比例协调、颇具美感的房屋。

01. 断面图和各种高度

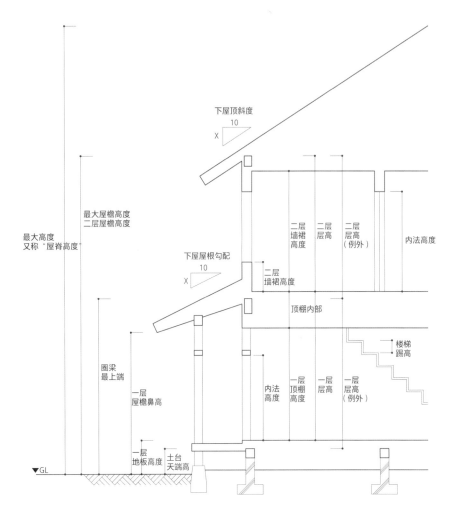

- 屋檐高度：地面—檐檩最上端
- 屋檐鼻高：地面—出檐下端（椽子下端）
- 二层层高：二层地板—檐檩最上端
　（构造/圈梁最上端—檐檩最上端）
- 一层层高：一层地板—二层地板
　（构造/台基最上端—圈梁最上端）
- 天井怀：一层顶棚表面—二层地板
- 顶棚高度：地板—顶棚表面
- 内法高度：地面（门槛）—门楣下端
- 地板高度：地面—一层地板

02. 斜屋顶和高度的关系

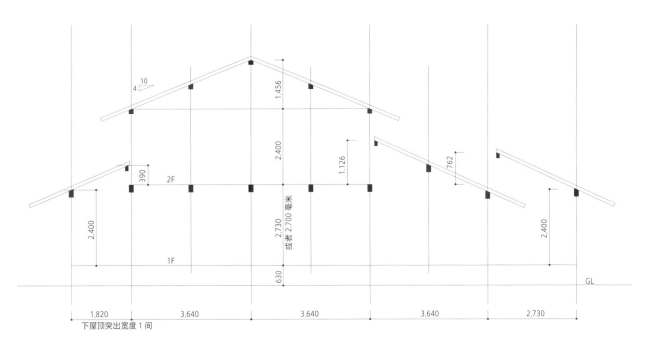

○ 檐下高度由屋顶坡度和出檐宽度决定（如果坡度4寸、出檐宽度1,000毫米，檐下高度会降低400毫米）

○ 最小坡度会因屋顶铺装材料的不同而变化
　（日本瓦片顶的坡度为4寸以上，金属板平屋顶为3寸以上，金属板瓦条屋顶为1.5寸以上等）

09

地板结构与一层顶棚的关系

上一项提到了层高和顶棚高度的关系，我们先来看看一层层高和顶棚高度的关系。最近，由于地板大多被打造成刚性地板（将结构胶合板等材料直接铺在梁上），而不是横木地板（在梁上架设100毫米×45毫米的横木），所以圈梁、房梁与二层地板相距40～50毫米，比起采用横木地板的情况，一层顶棚的内部空间还要更小。

首先是不露出二层地板结构的情况。若想在最大的梁的下面组建地板龙骨，如果梁的最大高度为330毫米，则顶棚高度与层高大约相差420毫米。如果层高为2,730毫米（踢高195毫米×14级），则顶棚高度为2,310毫米。想让顶棚高度达到2,450毫米，层高则需要2,870毫米。

其次是大梁只用作装饰梁、将小梁隐藏在顶棚内部的结构。如果小梁高度为210毫米，由于层高与顶棚高度相差约300毫米，所以即使层高2,730毫米，顶棚高度也能确保有2,430毫米。此时，240毫米的梁截断了顶棚的龙骨结构，由于270毫米的梁只能在顶棚上露出约10毫米，所以尽量避免使用为佳。建议露出300～360毫米的大梁，将210毫米以下的梁隐藏起来。如果210毫米的梁承受柱子的集中荷载，那么梁的高度就需要240毫米或270毫米。因此，为了不在小梁上集中荷载，需要在二层设置柱子，或者加大支撑屋顶的梁，使柱子不承重。

接着是按3尺间隔架设梁的方法。如果在2间的间距内架梁，需要高度240～270毫米的梁，因此材料体积相当大。但结构简单，对布局影响不大，因为只需将两端的圈梁和柁梁加厚一圈，用以支撑即可。由于小梁120毫米就足够，所以顶棚高度就会与层高相差220毫米，层高是2,730毫米的话，顶棚高度就为2,510毫米；即使将层高设为2,660毫米（踢高190毫米×14级），顶棚高度也可达到2,440毫米。

不过，由于梁按3尺间距有规律地排列，所以不适合做板式顶棚。此外，由于顶棚内部被细分且在室内露出，"萝卜青菜各有所爱"的情况会更加明显。

最后是将整个地板结构露出的方法。无论梁的高度是多少，由于圈梁和梁的上端都是顶棚，所以顶棚高度与层高都是相差40毫米。如果层高为2,730毫米，顶棚高度可达2,690毫米，因此即使层高为2,470毫米（踢高190毫米×13级），顶棚高度也有2,430毫米。在为了避开北侧斜线或改善比例等情况下，若需要降低层高，这是最好的方法。但将整个地板结构暴露出来，意味着它不能有碍观瞻。当你确定了建筑形状后，首先要思考合理的地板结构，然后套进与之相匹配的布局。虽然感觉会受到限制，但对于初学者来说，"根据构造打造布局"还是一项重要的训练。因此，建议从暴露所有结构的空间入手思考布局的打造。

01. 地板结构的种类

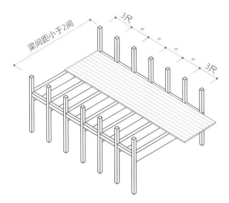

[单层地板]

这是一种在横木（梁）上直接铺设地板的简单形式。以3尺间距架设梁，再铺上厚板的刚性地板就是一种类似于单层地板的结构

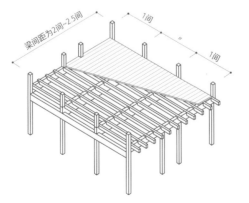

[多层地板]

梁间距约为1间，在垂直方向上架设横木，并在上面铺设地板。这是至今为止最普遍的地板结构

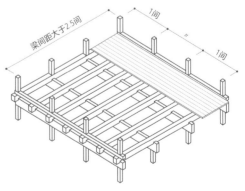

[组合地板]

这是一种在梁间距变大的情况下，架设大梁并用小梁支撑的形式。横木和床的构成与多层地板相同

02.
在地板结构下面
铺设顶棚

由于将房梁隐藏，所以空间较为简洁。在这种方式下，无需进行顶棚的架构设计

儿童房　　挑空

和室　　客厅

镰仓K宅｜断面图（比例=1∶120）

由于顶棚高度变低，与挑空的组合能使顶棚更具层次感

03.
将大梁改成装饰梁，
将小梁隐藏在顶棚内部

此举不仅能使面积8叠或6叠的主要框架显现，由于隐藏了小梁而提高了布局的自由度

顶橱储物柜（日式推拉门壁橱的顶部储物空间）

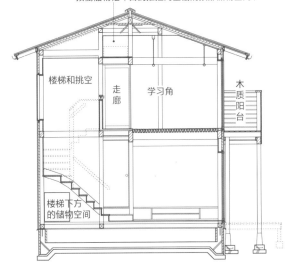

楼梯和挑空　走廊　学习角　木质阳台

楼梯下方的储物空间

茅崎S宅｜断面图（比例=1∶120）

应在大梁下端留出40毫米以上的空间，在此铺设顶棚。这样可以获得设置细小管道、线路的空间

04.
不使用小梁，将梁以3尺
间隔露出

顶棚的梁以3尺间距隔开，非常规整。梁有序地排列在一起，看上去或许不像是个结构体

阁楼

卧室　　楼梯

客厅

伊势原K宅｜断面图（比例=1∶120）

由于顶棚铺设在梁与梁之间的小梁下方，所以比起前两个例子，它的顶棚高度要更高

05.
将地板结构（刚性地板）
全部露出

这是一个地板结构全部露出的结实顶棚。纤细的横木地板较为美观，刚性地板给人一种略微粗糙的感觉

卧室　　楼梯

客厅

藤泽K宅｜断面图（比例=1∶120）

由于梁的上端就是顶棚，所以层高基本等于顶棚高度。先考虑地板结构，再来打造二层的布局吧

小屋组和二层顶棚的关系

本章中，我们来看看二层层高和顶棚高度的有关知识。在抗震等级为3级的情况下，由于必须保证在屋面的水平刚度，所以需要设置大量的火打梁（两条横梁间的连接件，火打梁与两条横梁形成三角形，起稳定作用）或在梁的上端铺设板材。如果要在屋顶构造的下面铺设顶棚，即使在小屋组内插入火打梁，或者全部使用板材，室内都无法看到。因此，这是确保水平刚度的最简单方法。但如果是小屋梁内的梁高为240毫米，则与层高相差290毫米；要想顶棚高度达到2,400毫米，需要层高为2,690毫米。如此一来，层高就接近一层的高度，这样不好。如果顶棚高度可以设为2,100毫米，那么层高就能控制在2,390毫米内，但美中不足的是，屋顶构造被隐藏了起来。

想要打造露出屋顶构造的顶棚，最简单易懂的方法是沿着屋面设置斜顶棚。在檐檩部分，顶棚是最低的；朝向屋檩，顶棚越来越高。因此，即使限制层高，空间也不会有压迫感，而且空间还变得更加宽敞。以檐檩至屋檩的跨度为1.5间、坡度为4寸（约21.8度）的房屋为例，两端的高差约为1,040毫米，因此，如果层高为2,250毫米（顶棚边缘也为2,250毫米），平均顶棚高度就是2,770毫米。但从空间上看，它并不美观，因为可以看到顶棚下有很多火打梁。想要使结构规整、用椽子打造出漂亮顶棚的话，唯一的办法就是省去火打梁，但这在结构上是有问题的。

01.
在屋顶构造的下面铺设水平顶棚

大多数的房屋构造都是这样的顶棚，室内完全看不见房梁

02.
将梁檩露出，在火打梁的下面铺设水平顶棚

如果是真壁房，梁檩就会被隐藏，这么一来就失去了房屋的意趣。因此，在火打梁的正下方铺设水平顶棚

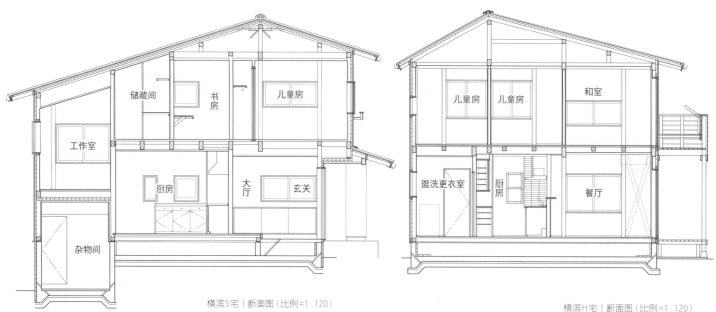

横滨S宅 | 断面图（比例=1:120）

横滨H宅 | 断面图（比例=1:120）

通过将房屋打造成step floor（同层地板出现高度差的布局风格），因此二层层高比一般情况要高。即使在梁下铺设顶棚，顶棚高度也能达到2,400毫米

如果只为避开使用火打梁，可以将层高降低100毫米；如果要使用木框（为铺设顶棚，悬在屋顶构造上的边缘木），则要降低140毫米，因此要将檐檩高度设为180毫米

03.
打造斜顶棚
（露出火打梁）

虽然二层就是斜顶棚，但如果能
看到很多火打梁，就会显得碍眼

04.
打造斜顶棚
（不露出火打梁）

如果只针对客厅等主要空间，
也可以打造成不露出火打梁的
斜顶棚

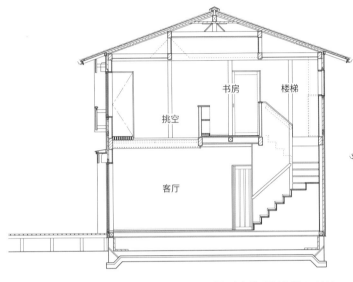

平塚D宅｜断面图（比例=1∶120）

能充分利用"小屋里"（屋顶和顶棚之间的空间）的斜顶棚的构造别具魅力。但如
果房屋的抗震等级为3级，将整个顶棚打造成斜顶棚的话，顶棚上就会全是火打梁

藤泽S宅｜断面图（比例=1∶120）

如上所述，如果只用于一部分主要空间，也可以不插入火打梁。比如，可以在没
有火打梁的空间旁边多插入一些火打梁，以提高整体水平刚度

生活中使用爬山梁构造的例子比较多，因为爬山梁是以3尺间隔架设，并用板材或厚板固定，以保证屋顶的刚度。由于不需要火打梁，爬山梁和斜顶棚所营造的开阔感和整洁感也很受欢迎。但是，当二层是开放空间时，它与爬山梁构造的搭配很好；但当儿童房、卧室、储藏间和厕所等并排，且隔断较多时，会造成空间的"消化不良"。换句话说，它不适用于太过琐碎的布局。由于爬山梁构造受结构限制严重，所以使用前要明白，它适用于空间宽敞、以结构优先的布局。

除斜顶棚外，想打造具有开放感的顶棚，还有一种方法。那就是根据屋顶的坡度，分梯度改变顶棚高度。如果以插入火打梁为前提来考虑顶棚样式，那么应该在距檐檩3尺的内侧部分，在火打梁下面铺设顶棚，将后面的1间或1.5间的空间打造成高顶棚。如果较低处的顶棚高度为2,200毫米，则层高（檐檩的高度）为2,350毫米。如果屋顶坡度为4寸（约21.8度），由于屋檩距地板2,714毫米（2,350毫米+364毫米），所以较高处的顶棚高度大约为2,660毫米即可。这样一来，就可以形成一个高差为460毫米的两段式顶棚。关键的一点是，坡度越陡，高差越大；坡度越缓，高差越小。

需要注意的是，如果在顶棚较高一侧的地回（梁高）插入火打梁，就会功亏一篑。这部分不应插入火打梁，而应该利用走廊、厕所、壁橱或储藏间等，将火打梁集中设置在相邻的区域里。

还有一种常用于6叠或8叠卧室的方法。那就是在2间宽的中央架设屋顶梁，打造出一个锐角的"倒V"形顶棚。房屋四角都有火打梁，火打梁的下面基本都铺有水平顶棚，因此如果采取一般方法，一来房屋没有意趣，二来顶棚也会变得比较低。因此，要在梁上打造一个三角形。这样做的好处是，做空顶棚去除了压迫感，结构看起来也美观。不过，也可以在梁上安装直管或线性照明灯具，打造成间接照明。由于光源看不见，所以这种照明方式是卧室的最佳选择。

05.
隐藏爬山梁的斜顶棚
（去除火打梁）

使用爬山梁可以使板材具有水平刚度，从而使斜顶棚变得干净利落

储藏间　大厅

学习角

岐阜F宅｜断面图（比例=1：120）

屋顶的保暖层和寒冷地区一样厚，爬梁必然隐藏在顶棚内部。由于爬山梁难以适用于复杂平面，所以适合二层使用

06.
露出爬山梁的斜顶棚
（去除火打梁）

同样是一种利用板材获取刚度的方法。顶棚的爬山梁和结构用板材（杉木板）全部可见

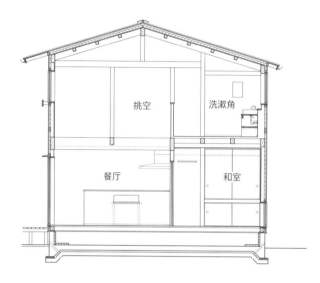

挑空　　洗漱角

餐厅　　和室

町田Z宅｜断面图（比例=1：120）

望板上有保温材料，和二层地板结构相同，即使降低层高，也能保证顶棚高度。由于北侧斜线规定严格，北面的屋檩略低

07.
在距檐檩3尺处
打造二段式顶棚

利用二段式顶棚的间隙，可以在檐檩处的顶棚上放入间接照明设备

盥洗室　走廊　女士专用角

挑空

厨房　　客餐一体厅

藤泽M宅｜断面图（比例=1：120）

屋檩处的火打梁较多，将顶棚降低至距其3尺处，将房屋中央的顶棚抬高，将北面小房间里的顶棚高度调低，插入火打梁

08.
中央为横梁的
小"倒V"形顶棚

通过打造"倒V"形顶棚，既展现架构的美观，又可以放入间接照明设备

步入式衣柜　日式推拉门壁橱　和室

厨房

客餐一体厅

平塚T宅｜断面图（比例=1：120）

在面宽为2间（6叠或8叠）的房间中央，设置与檐檩平行的屋顶梁，水平天井铺设在房屋四角的火打梁下面，中央为梁，上方打造成了"倒V"形顶棚

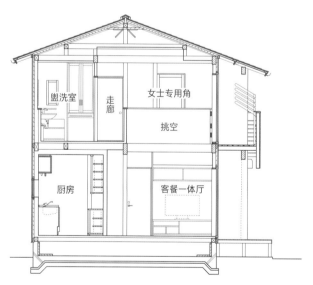

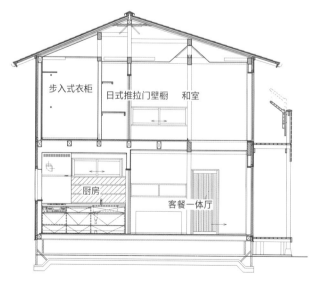

第 **4** 章　2 层房屋和平房的布局

TWO DIFFERENT PLAN

平房和总2层房屋是基本的房屋类型

掌握了房屋外形和断面的基本内容后，我们来看看具体的空间布局。

我们似乎对平房有一种憧憬，常能听到有人说："如果地皮够大，我想盖一栋平房。""如果我的预算足够多，我想盖一栋平房。"但在现实中，受制于过高的地价和相对较高的工程造价，能建平房的人并不多。平房建的少，这意味着设计平房的机会也是有限的，因此有的设计师在听到户主说"我想建平房"时，会感到困扰。

木结构是平房的基本形式，设计时不能回避这个问题。设计平房的第一步准备工作，就是要从设计角度来确定平房的优缺点。然后，等房子逐渐充实变大后，我们再立足平房设计的独特思考方式，来决定布局和屋顶的样式。

虽然在城市的狭小地段，可以看到3层的木质住宅，但在日本，它仍属少数。因此，毫无疑问地，日式住宅的标准样式是2层木质建筑。

接着，我们来看看2层住宅的基本结构，以及"总2层房屋"的相关内容。"总2层房屋"既是2层住宅的基本形式，也是特殊形式。它是在有限场地和有限预算下打造的"城市住宅标准"，但在布局上却颇为特殊。

在日照、采光条件较差的城区，"客厅在二层的楼房"也成为布局的"基本权利"。"将客厅设置在二层（倒转规划）"虽有很多优点，但也有缺陷。因此在开始布局前，必须要了解、掌握它的优缺点。

每位设计师都有自己独特的设计流程，但在设计二层建筑时，都不会从一层开始考虑。设计的第一步是，在二层面积确定后，要先从二层的布局开始考虑。"二层的布局"有标准样式，熟练使用这种模式，不失为一种捷径。

二层确定后，就可以开始考虑一层的布局。那就是在主屋（总2层部分）的下面添加一个下屋。接下来，让我们一起来学习制作布局时所需的技巧，如下屋的样式、下屋和主屋的关系等。

02

平房的优点

　　平房受欢迎的原因有以下几点。首先，由于不像2层建筑那样上下分离，对房屋的建筑面积的感受更为直接，住户也会感觉更为宽敞。其次，没有楼梯，住户活动更为便捷，即使年纪大了，也可以有效利用所有空间，不产生浪费。

　　而且，从设计的角度来看，平房也有很多优点。

　　一是，更容易意识到结构体的存在。如果是2层建筑，往往会从布局角度，将屋顶、结构分开考虑。但如果是平房，结构对设计的影响很大，因此设计师必然会有所意识。此外，由于只考虑屋面荷载即可，所以可以减少横架材料的断面，或是稍微增加梁的跨度。由于可以像二层一样设置较少的结构墙体，所以更容易获取大的房屋开口，或是在室内打造宽敞空间。

01.
设计时对屋顶和断面有所意识
设计师会更易思考

断面图（比例=1 : 120）

如果是没有注意过柱、梁的人，或许会觉得设计平面与2层房屋是一样的，但与2层房屋相比，它的结构想象起来要容易得多

平面图（比例=1 : 200）

02.
即便很低调
比例也协调

　　二是，由于没有楼梯，布局变得更加容易。在2层房屋的设计中，需要在一层和二层之间来回思考；但如果是平房，整个布局都在视野所及之中。我会在后面解释平房独有的难点。对于业余爱好者来说，由于不用考虑楼梯，所以布局的打造较为容易。

　　三是，外观即使"无声无息"，效果也会很好。由于是平房，层高被限制，屋顶的存在感大，同时因为地面离房子很近，所以房屋开口以落地窗居多。如果是总2层房屋，在窗户的打造方式和墙面涂装上下功夫自不必说，还要通过增加元素来提升设计感。但如果是平房，即使仅由一个矩形平面和简单的双坡屋顶组成，也让人觉得很不错。

03. 由于没有二层，即使对于门外汉来说，布局也很容易思考

由于无需考虑上下两层的统一性，即使随意扩大或缩小布局，都可能成立

03

平房的缺点

如上一节开头写到的，除非地皮大，否则无法建造平房。此外，即使建筑面积与2层房屋相同，由于平房的地基和屋顶都比较大（约为总2层房屋的2倍），所以工程造价较高，而且由于地皮大，外部建设工程的费用也很高，包括准备地皮在内，如果没有足够预算，建造平房颇有难度。

那么，从设计角度看，平房又有哪些难点呢？

一是，平面变大后会造成房屋中心变暗。如果是面宽4间以内的房屋规模，依靠南北窗的采光就足够了；但如果面宽有5间或6间，横向就无法采光。如此一来，就要想办法使屋顶的中央部分突出，安装高侧窗或腰屋顶（为保证通风和采光，在原有屋顶上加盖的小屋顶）。最便捷的方法是在屋面上安装天窗，但有漏水的风险，因此最好慎重考虑。

二是，房屋变大后，可能产生无法适用矩形平面的情况。与上述内容同样有关，平面变大后，采光和通风都会变差。平房更容易出现这种问题的主要原因是，房屋中间的走廊阻碍了通风，因为平房大多采用"房间分置南北、走廊开中间"的布局。也就是说，可以妥善规避利用中间走廊打造进深的方式，将建筑物的宽度控制在4间左右，通过选择L形、コ形、H形等样式，打造出易采光、易通风的房屋平面。

三是，延长活动轨迹。2层房屋的上下楼或许比较麻烦，如果楼梯在房屋中央附近，活动轨迹就会相对变短。就这点来说，由于平房无需上下移动，房屋也是横向延伸，所以活动轨迹较长。与2层建筑相比，平房的走廊往往较长。设计师需要基于这点，去思考房屋布局。

01. 残留在住宅区的宽阔地皮

如果是曾建有旧住宅的宽阔地皮，现在往往已经被建筑销售商细分……

02. 建有平房（古民居）的地皮

如果手握建有旧房屋的宽阔地皮，现在就能够无障碍地建造平房

03. 平房的地基较大（工程造价高）

同样是30坪的房子，总2层建筑的地基只有15坪，平房的地基却达30坪

04. 平房的屋顶大（工程造价高）

和总2层房屋相比，平房屋顶的椽子、望板和屋顶材料等构件数量约是它的2倍

05. 平房外部建设的工程范围大

立在邻地边界线和道路一侧的护栏边长，种植的
树木数量也随之变多

06. 宽敞平房的中央较暗

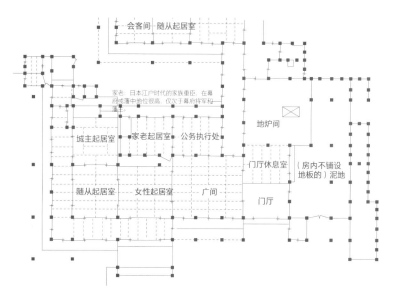

家老：日本江户时代的家族重臣，在幕
府或藩中地位很高，仅次于幕府将军和
藩主

虽然图中是已经成为重要文化遗产的民居的布
局，但乡下的平房中也有与其相同规模的房子

笹川家住宅（新潟县）

即使房屋开口在南面连续出现，如果矩形平面较
大，屋内就会像这样昏暗

07. 中间走廊阻碍通风

在矩形平面较大的房屋中，往往经常出现
中央走廊。在夏季，中央走廊会阻碍通风；
在冬季，中央走廊会使室内产生温度差

08. 无论如何，平房的活动轨迹都会变长

如果没有中央走廊，屋内确实会有光亮，但活动
轨迹明显比2层建筑还要长

由于房屋横向延伸，只要不像
古民居那样，需要穿过各房间
进行移动，就没有必要设置长
走廊

04

平房的布局和屋顶

设计平房时要注意的是，屋顶方向对房屋的影响很大。如果是单纯的四边形平面上加盖双坡屋顶的简单构造，可以将檐檩高度作为基准，来确定高度关系；但如果扩大房屋面积，即使沿长边方向拉伸平面，也不会改变屋顶截面；如果沿短边方向拓宽平面，檐檩间距会变大，因此屋脊会变高；如果只将房屋的一部分沿短边方向延伸，主干较细部分和较粗部分的脊檩高度就会不同，就需要更换屋顶。不过，如果二者相差3尺，由于脊檩高度仅相差1尺5寸，就会导致屋顶局促狭小、不美观。布局的凹凸设计以1间以上的差距为宜。

如果布局差距为3尺，在不改变屋顶截面的情况下，可以采用"勾连搭"屋顶（两栋或多栋房屋的屋面高低相连）。如果坡度为4寸，按照3尺宽度，可将檐檩降低364毫米，但也可以通过降低起居室顶棚的一部分，或将其与储藏室、厕所相连来解决；如果"勾连搭"屋顶的高度差为1间，檐檩就会下降728毫米，对于普通起居室来说无法进入；但如果将它与地面呈阶梯状的屋内泥地、玄关和玄关门廊连在一起，就会产生很好效果。不过，如果将檐檩做成有高度差的样子，地面就无法对齐，而且屋顶的三角形斜面也会失去对称性，因此不要轻易使用"勾连搭"屋顶。

想在保证居住舒适的同时增大房屋面积，就如之前提到的那样，可以将房屋平面打造成L形或"雁行"形。想要房子大一些，需要理清建筑物各部分的主次关系，并以此构成屋顶。虽然不是两层建筑，但可以打造檐檩比周围略高的主屋（主），再加盖简单的屋顶。通过在周围连接檐檩略低的下屋（次），来营造层次感，使空间产生变化。

理清主次关系后，檐檩高度和屋顶形状会变得复杂，这就到了不能"纸上谈兵"的阶段。在考虑平房的布局时，必须考虑屋顶的方向、坡度、截面以及小屋组结构，这甚至比2层房屋还要更复杂。

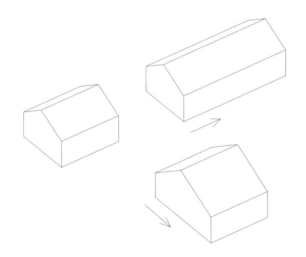

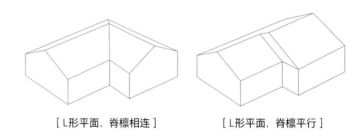

［L形平面，脊檩相连］ ［L形平面，脊檩平行］

01. 建筑物的拓宽和屋顶的变化

如果将建筑物沿长边方向延伸，断面是相同的；如果沿短边方向延伸，断面的变化会使空间变大

02. L形建筑物和屋顶的形状

如果将建筑物改成L形，屋顶形状可以考虑以上两种方案。立足外观和室内空间的不同，并将其体现在布局上

03. L形布局的平房

客厅和餐厅部分中心的脊檩较高，玄关部分的脊檩已经被调换。L形西侧部分的屋脊形成了一个直角

浴室　盥洗室　食品库　厨房　和室　玄关储物柜

储藏间　餐厅　玄关

儿童房　学习角　客厅

儿童房

主卧

步入式衣柜　书房

为使庭院不被邻居窥见，将布局打造成L形；为使庭院不被隔断，将玄关设在边侧，是个可以尽享长活动轨迹的布局

04. 通过屋顶走向思考平房布局

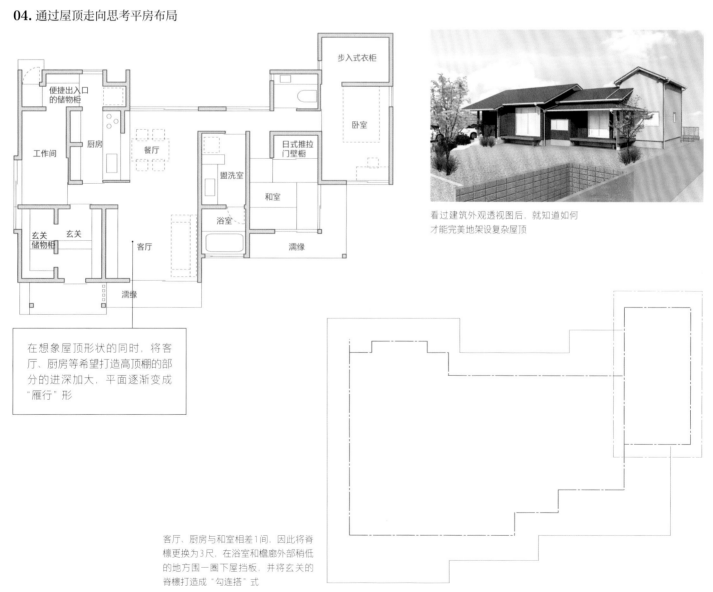

步入式衣柜

便捷出入口的储物柜　卧室

工作间　厨房　餐厅　日式推拉门壁橱

盥洗室

玄关储物柜　玄关　和室

浴室

客厅　濡缘

濡缘

在想象屋顶形状的同时，将客厅、厨房等希望打造高顶棚的部分的进深加大，平面逐渐变成"雁行"形

看过建筑外观透视图后，就知道如何才能完美地架设复杂屋顶

客厅、厨房与和室相差1间，因此将脊檩更换为3尺，在浴室和檐廊外部稍低的地方围一圈下屋挡板，并将玄关的脊檩打造成"勾连搭"式

平房的实例1 | 小田原家的房屋

客户的想法是"建造一座从古屹立至今、今后也将永远存在的房子"。这座住宅完全符合这个设计理念

屋里有两条活动轨迹：一条是从玄关进入，经过储藏室到达厨房；另一条是穿过步入式衣柜和卧室后到达厨房。这是一间为打造两条活动轨迹而设置的备用房间

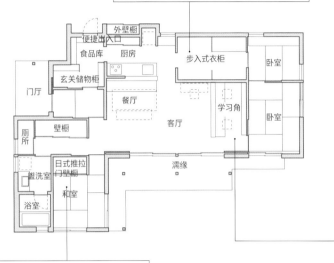

满足了顾客的需求，将房屋打造为"露出房檐、压低高度的平房"。用碎石排水沟替代檐沟

有两间卧室，铺着榻榻米地板，没有儿童房，用屏风墙隔开客厅和学习角

平面图（比例=1:200）

将用水区和和室设置成L形，挡住车流量大的道路一侧。将和室靠近水房，以便和父母一起生活

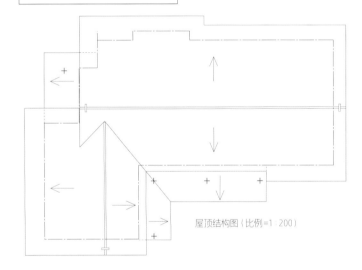

屋顶结构图（比例=1:200）

铺着"一"文字瓦（"一"文字瓦：日式房屋的屋顶建材之一。瓦片间细致缝合，在房檐边缘形成"一"字形，因此得名）的双坡屋顶直上直下，与铺着金属板的玄关挡板相得益彰，看上去就像一座从古屹立至今的房子

左图：客厅和餐厅是一块顶棚较高的空间，太鼓梁（将原木两侧切下后做成的梁）外露。房屋开口处的纸拉门收进两侧的内嵌收纳空间中

右图：在家具工匠处定制的桌子和板凳，除用于就餐，也可以增强室内美观度。面对面式厨房也是简洁的木质结构

平房的实例 2 | 藤泽家的房屋

继承自父母的宽敞地皮较少见。它是住宅区中的一部分，设计师将它"大材小用"地打造成了平房

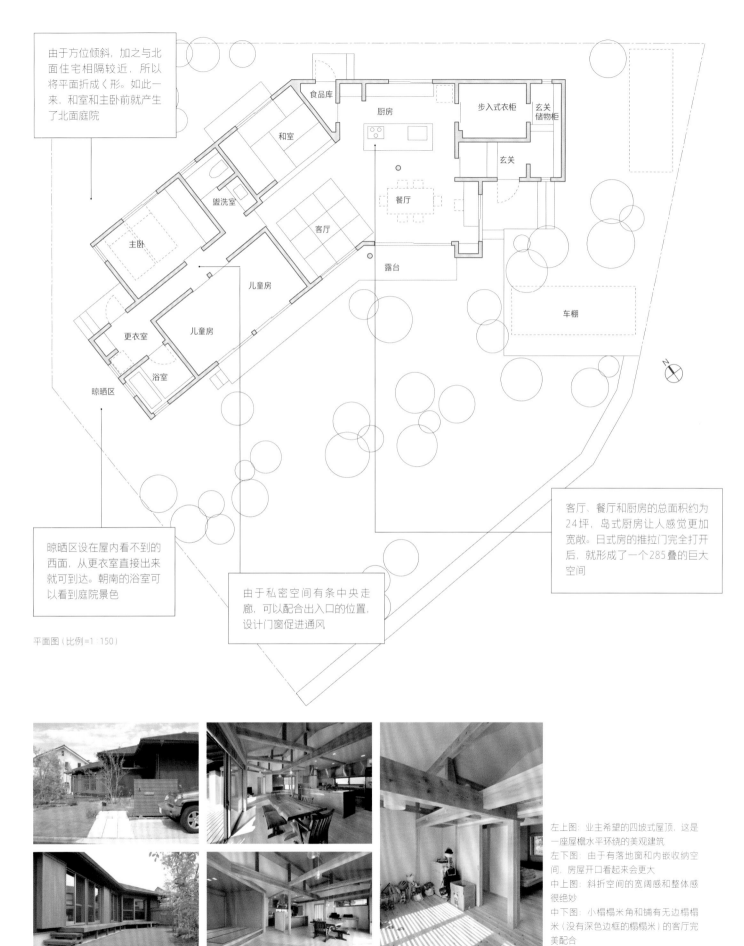

由于方位倾斜，加之与北面住宅相隔较近，所以将平面折成く形。如此一来，和室和主卧前就产生了北面庭院

晾晒区设在屋内看不到的西面，从更衣室直接出来就可到达。朝南的浴室可以看到庭院景色

由于私密空间有条中央走廊，可以配合出入口的位置，设计门窗促进通风

客厅、餐厅和厨房的总面积约为 24 坪，岛式厨房让人感觉更加宽敞。日式房的推拉门完全打开后，就形成了一个 285 叠的巨大空间

食品库　厨房　步入式衣柜　玄关储物柜
和室　玄关
盥洗室　餐厅
主卧　客厅
儿童房　露台
更衣室　儿童房
浴室　车棚
晾晒区

N

平面图（比例 =1∶150）

左上图：业主希望的四坡式屋顶，这是一座屋檐水平环绕的美观建筑
左下图：由于有落地窗和内嵌收纳空间，房屋开口看起来会更大
中上图：斜折空间的宽阔感和整体感很绝妙
中下图：小榻榻米角和铺有无边榻榻米（没有深色边框的榻榻米）的客厅完美配合
右图：风可以穿过带阁楼的儿童房，直到主卧

05

2层房屋的构造

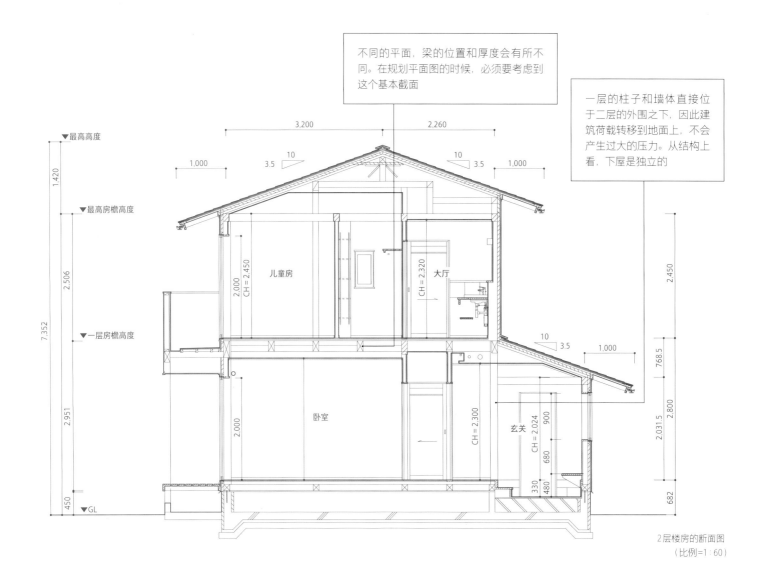

不同的平面，梁的位置和厚度会有所不同。在规划平面图的时候，必须要考虑到这个基本截面

一层的柱子和墙体直接位于二层的外围之下，因此建筑荷载转移到地面上，不会产生过大的压力。从结构上看，下屋是独立的

儿童房　CH = 2.450

大厅　CH = 2.320

卧室

玄关　CH = 2.024

CH = 2.300

2层楼房的断面图
（比例=1:60）

　　从结构上看，房屋有两层。我们要以"在总2层房屋的基础上加盖下屋顶，再打造出一层"的思维方式去考虑布局，而不是简单地"在有两层楼的房子上加盖一层棚子"。"总2层"是指一、二层拥有相同形状和面积的建筑物。从结构上看，简单地说，就是将长度不足3,000毫米的平房柱子延伸至两层楼的长度（5,500毫米），然后在中间打造二层的地板。如果一、二层的柱子全部对齐，结构就非常稳定，但对布局和房屋开口的限制较为严重，因此有可能会失去空间魅力。由于通过加固主屋（总2层部分）周边，能够固实结构，所以要把一层分成主屋和下屋这两部分考虑。

　　如果把卧室和餐厅设置在主屋一层，自然希望尽可能地使其宽敞开阔。但是，由于二层地板在结构上的负担要比小屋组大，所以梁会变大，在空中架设大梁也较为困难。虽然从理论上说，用层积材可以实现大梁的制作，但构造材料还是使用天然实木为佳，因此梁的跨度要控制在2间（3,640毫米）以内。这是因为使用市场通用材料较为经济实惠，再考虑到木材的收缩和扭曲，常识性做法是将梁的长度控制在1尺2寸（360毫米）左右。

　　虽然将布局和房屋结构放在一起考虑非常重要，但如果你特别想打造一个宽度或进深超过2间的空间，你需要对二层地板梁的结构做到心中有数，在此基础上去思考布局。如果能预见支撑小梁的大梁位置，也能理清置于大空间里的独立柱子的位置，就不需要对平面图进行返工。

06

总2层房屋

01. 二层布局里有、无用水区域的比较

[二层15坪（3间×5间）、无用水区域的样式]

1 卧室位于西侧，面积8叠，儿童房面积4.5叠×2间，位于东侧，纵向并排；挑空位于南侧；楼梯位于北侧

2 卧室面积8叠，位于西侧；儿童房面积4.5叠×2间，位于南侧，横向并排；挑空位于北侧；楼梯位于北侧

3 卧室位于西侧，面积8叠，儿童房面积4.5叠×2间，位于北侧，横向并排；挑空位于南侧；楼梯位于南侧

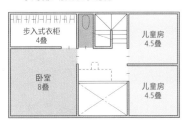 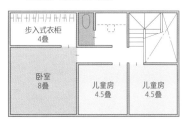 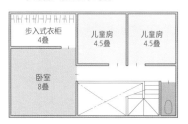

[二层15坪（3间×5间）、有用水区域的样式]

1 用水区域位于北侧；儿童房位于东侧，纵向并排；卧室面积6叠，位于西侧

2 用水区域位于北侧；儿童房位于南侧，横向并排；卧室面积6叠，位于西侧

3 用水区域位于东侧，纵向并排；儿童房位于南侧，横向并排；卧室面积6叠，位于北侧

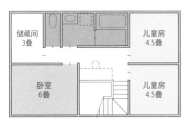  

如果没有用水区域，布局会产生更宽裕的空间（卧室8叠、步入式衣柜3叠、挑空）；如果用水区域足够大，可以将它移至二层

一般来说，便于生活的房屋布局的特点是一层比二层还大。一层是玄关所在，也是家人度过大部分时间的地方，厨房和用水区域也在这里。而且，用作客房的和室也常被设置在客厅和餐厅旁边。很显然，一层的大小不同于二层——二层只需要卧室、儿童房、储藏空间和厕所就够了。

但如果地皮较小，或者有富余空间，但又想把预算控制在较低的范围内，可以将房屋设置成总2层房屋；如果地皮实在狭窄，只能被迫打造不足25坪的小房子；但如果是四口之家（夫妻+2个孩子）居住，可以把30坪左右（28～32坪）的总2层房屋当作参考。因为作为用地条件，如果面积是35～40坪，容积率则为80%。

总2层房屋在结构上很易分辨，它的基本样式就是两层楼房，但布局很特别。由于一、二层的面积必须相等，这与日常生活中的标准布局不同，因此需要平衡面积。例如把单独的房间做大，把本该在一层的东西搬上二层，或是在二层打造挑空。如果有挑空，一层和二层的统一感会更强，这对于有孩子的家庭来说是很有用的，而且也确实可以打造出空间的魅力。但是，对于那些通过打造过大挑空来调整一、二层的面积，强行将住宅打造成总2层房屋的做法，我有些不解。即便挑空不计入法定的建筑面积，它的工程费用也是很高的，因此从客户预算管理的角度来说，过大的挑空是需要再三考虑的。

如果想不依靠挑空来实现一、二层的平衡，就需要把"东

02. 二层有富余空间的总2层房屋
藤泽S宅

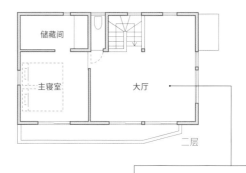

客厅、餐厅和厨房位于南侧，用水区域和玄关在北侧的标准布局。由于没有和室，所以有足够宽敞的空间可以打造

除了主卧、储藏间和厕所，其他房间都打造成了单间的大空间，布局可以根据家庭的变化而灵活调整

03. 带挑空的总2层房屋
茅崎S宅

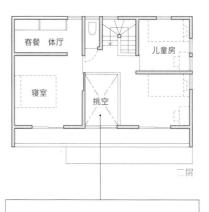

将用水区域和玄关统一设在东侧，有一体感的客餐厨一体厅。小榻榻米角的空间扩大了生活方式的可能性

主卧和儿童房被挑空隔开的布局，一开始将其中的一间儿童房用作共享空间使用

西"从一层搬到二层。第一考虑的是搬厕所和盥洗室。如果把面积2坪的用水区域挪到二层，加上主卧、儿童房、储藏间、楼梯和厕所，二层面积刚好就是15～16坪。扣除盥洗室和浴室，一层面积也为15～16坪。这样不仅可以使客厅更宽敞，还有余地在客厅、餐厅和厨房旁边，设置4.5叠左右的和室。

第二备选是和室。由于父母有时会来看孙子，或是朋友来玩，所以想打造一间用作客房的和室。但是与其他房间隔开的单独房间会容易成为不用的"死房"，因此最理想的方法是在客厅旁边设置平时也可使用的和室。但如果在一层留下15坪左右的用水区域，那就没有富余空间了；如果在二层专门设置一间和室用作客房，又有些浪费。因此，可以在二层设置一

间和室，平时用作兴趣空间或孩子的学习空间；或者将主卧打造成榻榻米房间，在需要的时候将其变成客房也不失为一种明智之举。如果客人留宿的频率是1～2天/年，这样就足够了，而且一、二层的空间也比较宽敞。

方法三是把客厅、餐厅、厨房和所有单间调换位置。这种样式被称为"二层客厅"或"倒转规划"，在城市住宅中经常见到，下节中我们再详细了解。

04. 用水区域在二层的总2层房屋（3×5间）
二宫F宅

一层

二层

这是个适合家庭的宽敞空间。除了带沙发和餐桌的客餐一体厅外，还有开放式小榻榻米角打造成的壁龛

父母和孩子的房间都分隔开，即使将用水区域挪至二层，也可以获得宽阔的储藏间和兴趣空间

05. 将二层卧室打造成和室的总2层房屋（3.5×4间）
户塚H宅

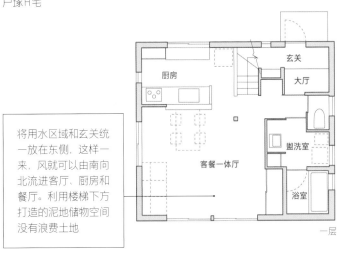

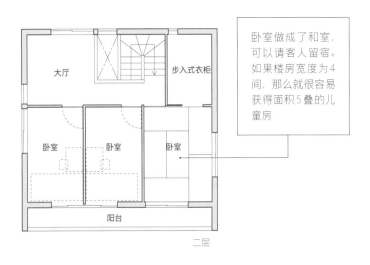

一层

二层

将用水区域和玄关统一放在东侧，这样一来，风就可以由南向北流进客厅、厨房和餐厅。利用楼梯下方打造的泥地储物空间没有浪费土地

卧室做成了和室，可以请客人留宿。如果楼房宽度为4间，那么就很容易获得面积5叠的儿童房

06. 夫妻两人卧室分开、二层较大的总2层房屋（3.5×6间）
镰仓F邸

一层

二层

一层很宽敞，因为建有一间儿童玩具室，将来打算改造成大人的音乐室

由于夫妻两人的卧室分开，所以二层变大了。挑空对面的书房是亲子共用的空间

总2层房屋的实例① | 平塚的房屋

由于主屋内部场地有限，所以必须采取总2层的规划。这套房子是总2层楼房的标准模型

由于西侧和西南侧有较大的主屋，所以将用水区域设在西侧，规划了一条连通主屋的通道

客厅、餐厅和厨房正对着地皮南侧留下的宽阔空地，前面打造了一个8叠的木质露台

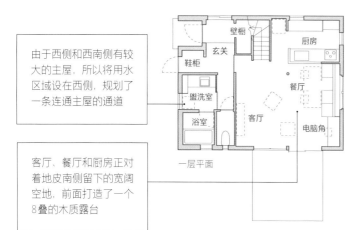

一层平面

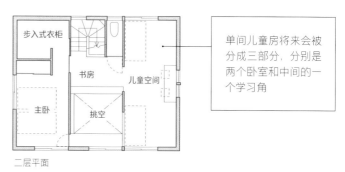

二层平面

单间儿童房将来会被分成三部分，分别是两个卧室和中间的一个学习角

并排的落地窗形成了连续的景观，将室内与室外（庭院）连接起来。大面积的露台使地板看上去是连在一起的

通过在南侧设置4.5叠的挑空，使一、二层之间形成了立体联系，打造出单间的感觉

将一、二层的各自房屋开口都聚到一起。隐藏百叶窗帘的内嵌收纳空间和被褥晾晒架都是设计要素

餐厅里有张大桌子和供人长待的长椅，可兼用客厅

挑空和书房、书房和儿童房都是相通的。如果打开儿童房的推拉门，就可以俯瞰一层

这就是第3章中出现过的"中央为横梁的倒V形顶棚"。由于要铺设柏木板，所以很费功夫

总2层房屋的实例② | 世田谷的房屋

地皮南北狭长，主要任务是利用道路对面、位于西侧的沿河长廊和沿河绿化的景观

将阳台收进屋顶下方，为避免外观突兀，使建筑内凹以夹住阳台

二层平面

为避开北侧斜线，将车棚设在北侧，将客厅、餐厅和厨房设在南侧，可以利用到东西两侧的景观

一层平面

由于靠近东侧的地方将来可能建房，所以将房屋布局朝西侧敞开，与眼前的房子隔开一些距离

由于错落有致的房屋开口、百叶窗帘内嵌空间和阳台的存在，道路一侧的外观有种整体感

左上图：虽然建筑狭长，但当拉开和室的纸拉门后，走廊就不再是走廊，变成了约19叠的宽阔空间
右上图：为获取南面光照和西侧视野，将房屋开口集中在西南角，给人一种开阔的感觉
左下图：3叠大小的小巧和室与1坪大小的露台相对。有个悬挂式推拉门壁橱，拉开纸拉门，就会变成客房
右下图：二层是个带有爬山梁和装饰性望板顶棚的空间。两间居室中间夹有用水区域和储藏空间

07

"二层客厅" 住宅（倒转规划）

在城区的住房密集地，有些地方的一层几乎得不到光照，有些地方自然风光得天独厚，二层看到的风景更佳。对于这样的地皮，提议打造"二层客厅"是理所当然的。虽然有些例外情况，但由于需要较大空间的客厅、餐厅和厨房，所以"二层客厅"大多适用于总2层房屋。

这种"二层客厅"房有很多优点的同时，也有一些缺点。我们先来看看缺点。首先，客厅、餐厅和厨房不接地。虽然可以看到高大乔木的枝叶，但除非在下屋顶上方建一个屋上庭院，否则就没有庭院，也无法与土壤和植物接触。

其次，上、下楼较为频繁，非常麻烦。由于玄关在一层，所以搬动购置的物品要花很长时间，每次有客来访或者快递到的时候，都必须下楼。而且，虽然可以把厨余垃圾暂时放在阳台，但只要没有外部楼梯，最终还是得经由室内从玄关出去。由于每天都需要做家务，所以要提前做好设想和规划。

第三，如果把卧室和儿童房都设在一层，孩子就可以不经由客厅进入自己的房间。如果孩子是大学生或已经进入社会，这样完全没问题；但如果孩子还在高中或高中前的上学阶段，家长就要留意了。虽说亲子关系很好就无须担心，但养育青春期少年是一项细致、敏感的工作，绝不能忽视这个问题。设计师可以在布局上稍下功夫，将备用房间或书房移到一层，把儿童房搬到二层，孩子便在客厅的目光所及之处。

最后的最大弊端便是当户主老了以后发生的问题。虽然现今的老人身体健康，上下楼等运动也能让他们保持健康，但当他们身体失能时，住在二层就会成为一种阻碍。遇到这种情况，最起码也要提前在楼梯安装升降机，或者在布局上也要有一些巧思，例如为方便将来安装家用电梯，在电梯上下的相同位置设置推拉门衣柜等，这样提前设想就没什么可挑剔的了。

另一方面，倒转规划也有很多优点。第一，由于客厅在二层，更容易获得日照和采光。如果周围的房子是两层建筑，只要房子不靠南侧邻地而建，就能确保二层的日照和采光；如果不可避免地要建在南侧，可以将上方的屋顶改变一部分，打造成高窗或天窗，以此实现采光。

第二，一方面，由于玄关、卧室、用水区域等小空间都集中在一层，使得一层墙体较多，结构更牢固；另一方面，即使二层墙体比一层更少也无伤大雅，反而更易营造有开放感的客厅。此外，可以利用屋顶形状打造斜顶棚和二段式顶棚，以此营造出更为舒适的居室。

第三，不用担心来自街道的"灼热目光"。虽然二层空间与庭院、外界缺少联系，但好处是，即使打开窗户或窗帘，也不会被路人"看光光"。如果再打造一个大阳台，还可以毫无顾虑地享受月下独酌的悠闲时刻。而且也无须在一层设置落地窗等大窗，用更多的高窗和格子窗取而代之的话，不仅可以起到防贼作用，还会让用户有种安全感。

第四，如果厨房在二层（顶楼），就没有内部装修的限制，即使使用燃气灶，也可以在墙壁和顶棚上铺设木板。有时，难得想打造具有整体感的客厅、餐厅和厨房，但一层的客厅、餐厅又无法匹配二层厨房的顶棚装修。因此这点对于喜欢木质顶棚的人来说，可能是最大的优点。

在倒转规划中，由于单间和用水区域都集中在一层，所以走廊是必需的，但如果玄关和楼梯在边角，走廊就会比较长。因此，将玄关和楼梯设在一层的中央位置是比较合理的。原则上，玄关应设在离街道较近的地方，但如果街道在矩形平面的短边上，最好延长通道，把玄关移至矩形长边的中央附近（侧面中心）。这样处理，走廊将被缩短，可以有效利用空间面积。

01. 倒转规划的优缺点

缺点

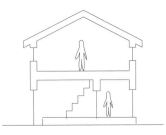

· 不能直接从客厅、餐厅和厨房进入庭院
· 搬动购置的物品要花很长时间，每次有客来访都要下楼，很麻烦

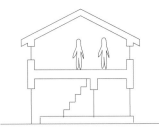

· 如果儿童房在一层，可以不经由客厅，直接从玄关进入房间，孩子不在家长目光所及之处

· 年龄增长以及受伤后的上、下楼，将来需要设置电梯
· 夏季白天时二层温度容易变高；冬天时一、二层温度差大，一层会感到寒冷

优点

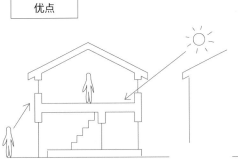

· 由于不易受到邻近建筑的太阳阴影的影响，所以无论在什么季节，客厅、餐厅和厨房都能获得良好日照
· 无须在意来自街道的"目光"

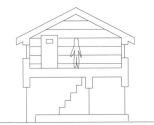

· 一层墙体较多，增强了抗震能力；能够打造出斜顶棚等立体、开放的空间
· 二层厨房的内部装修可以使用木材料

· 由于卧室和用水区域理应在一层，所以即使是总2层房屋，客厅也有较大空间

02. 简单的上下倒转规划 [3间×3.5间]

二层为标准布局，一层增加了玄关和地板储物格；主卧和储藏间的面积很充实

虽然用水区域在二层，但客厅、餐厅和厨房很宽敞，也余出了儿童房的空间；厨房是活动轨迹较短的并排型

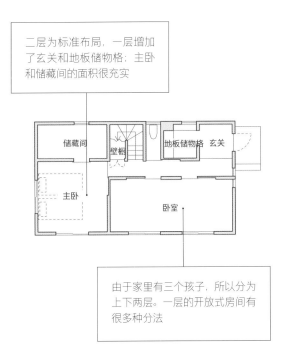

由于家里有三个孩子，所以分为上下两层。一层的开放式房间有很多种分法

二层有间仅可供一个孩子使用的儿童房，可以将它用作学习房，而在一层放置3张儿童床

03. 简洁小巧的倒转规划 [3.5间×4间]

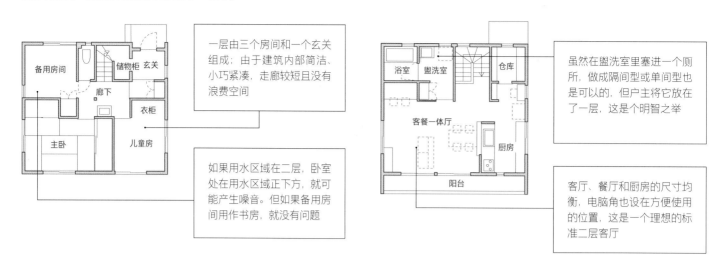

一层由三个房间和一个玄关组成；由于建筑内部简洁、小巧紧凑，走廊较短且没有浪费空间

如果用水区域在二层，卧室处在用水区域正下方，就可能产生噪音。但如果备用房间用作书房，就没有问题

虽然在盥洗室里塞进一个厕所，做成隔间型或单间型也是可以的，但户主将它放在了一层，这是个明智之举

客厅、餐厅和厨房的尺寸均衡，电脑角也设在方便使用的位置，这是一个理想的标准二层客厅

04. 将儿童房设在二层的倒转规划 [3间×5.5间]

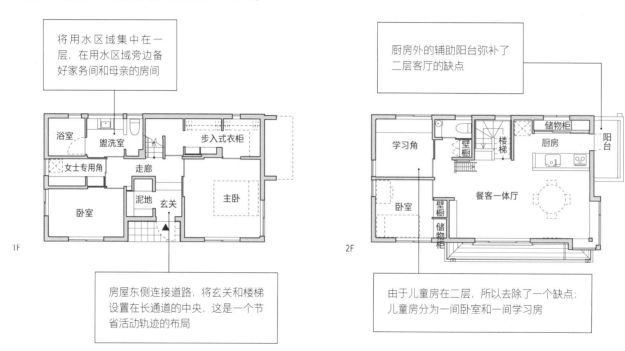

将用水区域集中在一层，在用水区域旁边备好家务间和母亲的房间

房屋东侧连接道路，将玄关和楼梯设置在长通道的中央，这是一个节省活动轨迹的布局

厨房外的辅助阳台弥补了二层客厅的缺点

由于儿童房在二层，所以去除了一个缺点；儿童房分为一间卧室和一间学习房

05. 用水区域在一层的开放型倒转规划 [2.5间×6间]

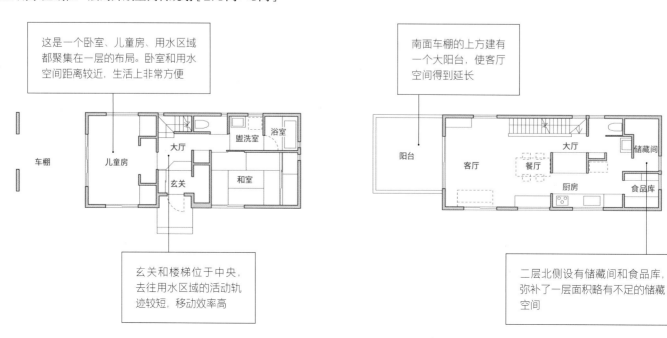

这是一个卧室、儿童房、用水区域都聚集在一层的布局。卧室和用水空间距离较近，生活上非常方便

玄关和楼梯位于中央，去往用水区域的活动轨迹较短，移动效率高

南面车棚的上方建有一个大阳台，使客厅空间得到延长

二层北侧设有储藏间和食品库，弥补了一层面积略有不足的储藏空间

倒转规划的实例① | 清水家的房屋

由于房屋的面宽较窄且朝向斜侧，下午时分，该地皮无法从邻地获得光照。

儿童房的隔断墙做成易于拆除的样式，以便能够应对将来调整规划的情况

将和室设置在可以望见山景的北侧，如此一来风就可以从南北方向穿过

一层　　　二层

如果设置一个可容纳三辆车（夫妻各一台，访客一台）的停车棚，就没有多余空间打造庭院

由于没有庭院，所以打造了一个较为宽敞的阳台，以代替木质露台

在客厅设置飘窗，在餐厅设置落地窗，以此获得采光和开阔感

从玄关可以径直走到儿童房，这是它的缺点；儿童房的前面有私营铁道的电车驶过

由于所有房子都是临街停车，所以外墙位置是对齐的；屋顶为坡形，入口在矩形斜面（与"妻面"对应）一侧

客厅、餐厅和厨房是一个带有斜顶棚的宽敞空间；房屋中央的阁楼也能有效地排出热量

将顶橱与底橱对调的日式推拉门壁橱，取物更为方便快捷

倒转规划的实例② | 户塚家的房屋（外池宅）

这栋房屋位于住宅密集区，屋前道路较窄，其余三面均有邻近房屋。这是一座由老房子改建而来的房屋

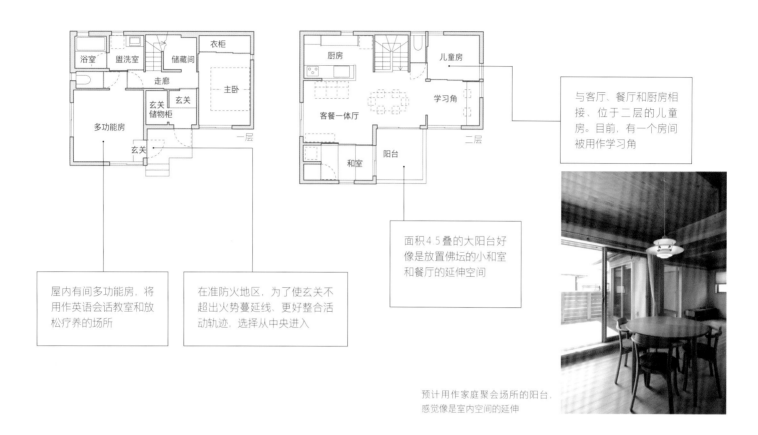

与客厅、餐厅和厨房相接、位于二层的儿童房。目前，有一个房间被用作学习角

面积4.5叠的大阳台好像是放置佛坛的小和室和餐厅的延伸空间

屋内有间多功能房，将用作英语会话教室和放松疗养的场所

在准防火地区，为了使玄关不超出火势蔓延线，更好整合活动轨迹，选择从中央进入

预计用作家庭聚会场所的阳台，感觉像是室内空间的延伸

左上图：镀铝锌合金钢板的白色外墙与木质的"空中露台"尤为显眼
右上图：多功能房有专门的玄关入口；厕所设置在可从住宅内部使用的地方
左下图：二层像单间一样展开，较里处可以看到儿童房
右下图：由于二层的厨房可以铺设木板，这样一来，顶棚就与客厅具有统一感

08

二层的布局

虽然我将总2层房屋写作"特例",但在布局的思考上,它也有易于操作的地方。如果因预算限制而不得不将房屋打造成总2层,可按建筑面积的一半确定一层和二层的面积;如果因场地限制而不得不将房屋打造成总2层,那么一层由建筑覆盖率决定,二层大小参照一层的面积。由于不论哪种情况,布局面积一开始便可确定,所以可以很顺利地开展设计工作。

那么,该如何思考总2层房屋的布局呢?大多数人都是先考虑一层,然后再是二层。但如果这样,房屋形状就容易变得不受控制。而且,由于将一、二层分开考虑,二层外围下方是否放置柱子和梁也是不确定的,如此一来,房屋在结构上就会很不稳定。

如果要考虑二层建筑的布局,首先要从二层的大小和形状开始设计。对于大小(面积),需要用到第1章中介绍的"平面系数"计算出二层所需的面积。例如,如果所需房间包括6叠的主卧和4.5叠×2间的儿童房,那么总面积就是6叠+4.5叠×2=15叠。此外,如果还需要储藏间、厕所、挑空,那么将平面系数设为1.8,二层建筑面积就为7.5坪×1.8=13.5坪;如果系数设为1.6,建筑面积则为12坪;如果设为2.0,则为15坪。如果主卧室8叠、两个儿童房各为5叠,建筑面积则变为9坪×1.8=16.2坪。

虽然我在第2章介绍了房屋形状,但从原则上说,二层的形状还是应该设为矩形(长方形)。如果是刚刚计算的面积是13.5坪的房子,房屋形状则为3间(短边)×4.5间(长边)的长方形;如果是12坪,则为3间×4间;如果是15坪,则为2间×5间。如果是16.2坪,由于有余数,将其调整为16坪后,则为4间×4间;如果是16.5坪,则为3间×5.5间。像这样,在0.5间以内的网格上探寻可能的长方形,从最开始就可以定下房屋外形。

接下来,我们来看看二层布局的特点。在一层,车棚和玄关的位置由"房屋是否与道路相接"决定,因此地皮对布局的影响很大。但由于二层不与地皮相接,基本上只需注意方位即可。当然,如果周围建筑都离道路较远,且邻地是公园,那么即使是二层也要留意。不过,不管道路在北边还是南边,二层的布局大都是一样的,周围环境对二层的影响不会像对一层的那样大。

因为二层不易受场地影响,所以不论在哪块地皮上都可以使用同样的布局。事实上,设计师不自觉地重复同种样式的情况也是有的。所以为了有意识地进行布局设计,最好准备几个二层标准布局的方案,以便随时可以拿出使用。下面,给大家举几个有代表性的二层布局样式。

01. 决定二层的大小

平面系数为1.6

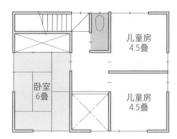

宽裕面积(坪):
(6+4.5+4.5)/2 × 1.6=12

在系数为1.6的情况下,除了起居室,9尺的日式推拉门壁橱、厕所以及2叠的挑空都是屋内最低限度的必要空间,布局上不宽裕

平面系数为1.8

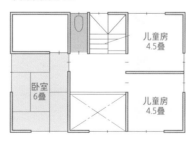

宽裕面积(坪):
(6+4.5+4.5)/2 × 1.8=13.5

在系数为1.8的情况下,除了起居室,还有3叠的储藏间、厕所、3叠的挑空、放置桌子的大厅等空间,布局上稍显宽裕

平面系数为2.0

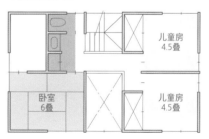

宽裕面积(坪):
(6+4.5+4.5)/2 × 2.0=15

在系数为2.0的情况下,3叠的储藏间、3叠的挑空、每个儿童房内均设有推拉门衣柜,厕所前还有空间打造洗漱台和储物空间,布局上非常富余

步骤如下:①列出二层所需的房间;②列出各房间的所需面积并相加;③定好房间宽裕度后,乘以平面系数(1.6～2.0)(与精算时相同)。
此外,由于二层一般没有浴室等专用水区域和玄关,所以可使用小于一层的平面系数

①将两间儿童房呈南北方向排列，靠往东侧或西侧；在儿童房对面，将卧室和储藏间呈南北方向排列；中央北侧有楼梯；中央南侧为挑空；

②如果上述①中不需要挑空，则在中央南侧设置室内晾晒区或学习角；

③将卧室和儿童房排在南侧，楼梯、储藏间和厕所排在北侧；

④儿童房设置在北侧，挑空和共享空间设置在南侧；

⑤儿童房设置在南侧或东侧均可，但儿童房之间要有共享空间；

或许你对"房间在北还是在南"很在意，但更重要的是楼梯和挑空的位置。由于这两者与一层的布局息息相关，所以它们的种类变化越多，适应不同房屋的能力就越强。

在二层布局中，最需要注意的是要减少"走廊"的数量。走廊是阻碍空气流通、使房间隔绝的罪魁祸首。但由于二层往往设有多个单间，所以理所应当地，设置走廊是普遍情况。

为减少走廊数量，从布局上看，楼梯应从二层的中心处往下延伸。如果是折角楼梯，大多数情况是在房屋北侧的中心处设置一个1.5坪的楼梯空间；如果建筑的南北方向长，那么就应该设在东西方向的中央，在南侧中心处设置的可能性不大，但如果与挑空搭配，布局上是没有问题的。如果是直梯，让楼梯朝向二层中央，上楼时就需要从一层的边角向上爬；如果是总2层房屋，只需在二层框架内去考虑楼梯的位置；但如果一层的房屋面积较大，也可以打造成从下屋顶处延伸至上屋顶中央的形状。如果能做到这一点，那堪称是位行家了。

接着是去除走廊的方法——把走廊"变宽"。拓宽走廊后，就会产生可用于其他用途的空间，如孩子的游戏区、学习角、叠衣服的地方、室内晾晒区等。虽然并没有消除行走的空间，但它将仅可用于移动的"走廊"从布局中去除了。虽说能够将多出来的空间加以利用，但如果留着不加以利用，不仅可以产生房间之间以及连接一、二层的空间，还可以改善通风，也能使空间更具开阔感。而且，由于它既增加了家中可供逗留的场所，又丰富了居住方式，所以与利用走廊连接房间的传统布局相比，二者差距很明显。

02. 二层外形的种类

○决定矩形平面的外部框架
○首先，考虑梁间距为3间或3.5间的架构
○根据地皮的具体情况，也可以采用梁间距为4间或2.5间的架构

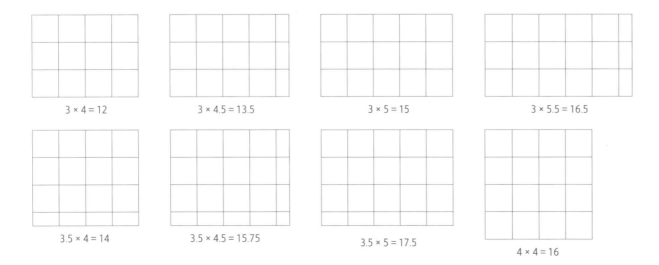

3 × 4 = 12　　3 × 4.5 = 13.5　　3 × 5 = 15　　3 × 5.5 = 16.5

3.5 × 4 = 14　　3.5 × 4.5 = 15.75　　3.5 × 5 = 17.5　　4 × 4 = 16

03. 二层布局的基本样式［3间×4.5间］

①将儿童房靠东或靠西，南北并排
⇨将楼梯设置在北侧，挑空设置在南侧

· 大厅面对挑空，采光和通风都无可挑剔；没有走廊

· 儿童房进行隔断后，最好也要留出一条通风道

②将儿童房靠东或靠西，南北并排
⇨将楼梯设置在北侧，南侧是共享空间

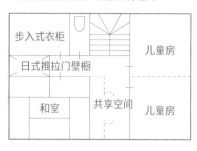

· 去除挑空后，确保前往阳台的活动轨迹，可规划在室内晾衣区域内

· 儿童房进行隔断后，最好也要留出一条通风道

③将所有起居室设置在南侧
⇨将楼梯设置在北侧，围住小挑空

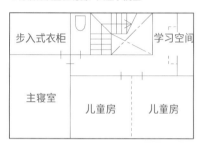

· 儿童房和学习空间融为一体；走廊正对着楼梯和挑空，采光和通风都无可挑剔

· 儿童房为推拉门，如果栏间也有推拉门更佳

④将儿童房设在北侧
⇨如果楼梯在南侧，将其与挑空相连

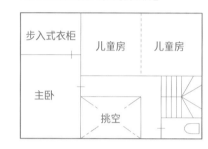

· 由于南面开阔，采光和通风方面是最理想的

· 由于采光稳定，北侧比较适合用作学习房

04. 二层布局的基本样式［3.5间×4间］

①将儿童房靠东或靠西，南北并排
⇨将楼梯设置在北侧，挑空设置在南侧

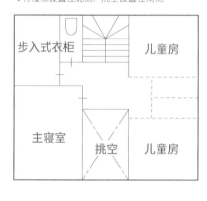

· 大厅面对挑空，采光和通风都无可挑剔，没有走廊

· 儿童房进行隔断后，最好也要留出一条通风道

③将所有起居室设置在南侧
⇨将楼梯设置在北侧，围住小挑空

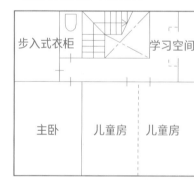

· 儿童房和学习空间融为一体。走廊正对着楼梯和挑空，采光和通风都无可挑剔

· 儿童房为推拉门，如果栏间也有推拉门更佳

· 可打造5叠的儿童房

④将儿童房设在北侧
⇨如果楼梯在南侧，将其与挑空相连

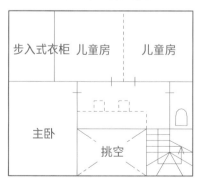

· 由于南面开阔，采光和通风方面是最理想的

· 由于采光稳定，北侧比较适合用作学习房

5 将共享空间设置在儿童房之间
⇨如果儿童房自南向北排列，楼梯就设在东侧或西侧

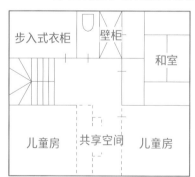

· 去除挑空后，确保前往阳台的活动轨迹，可规划在室内晾衣区内

· 由于儿童房之间的空间成为共享空间，所以具有多功能性

09

考虑二层正下方的布局

第1章中写到了有关道路和建筑布局的内容，要将道路以外的周围状况也考虑在内，才能决定建筑的地址，这就是建筑布局。对于总2层房屋来说，就如同摆放一个长方形盒子，是件很简单的工作；但是对于带有下屋（此处指房屋的一层部分）的2层房屋来说，就要考虑如何充实下屋、决定布局。这个思考起来有些复杂，需要先在地皮中设置好上屋，同时在脑海中想象下屋的位置（二层部分）。

在此之后，当考虑一层的布局时，二层的楼梯位置会成为制约因素，因此有可能需要重新调整已经定好的二层布局。如上所述，由于二层的种类变化也意味着楼梯的种类变化，所以卧室和儿童房的位置最好是自由的。如果业主要求"儿童房在南侧、夫妻的卧室在西侧"，那么二层的布局就会僵化，很难配合一层进行调整。

其次，要在上屋的框架中考虑一层布局。将作为房屋主体的客厅、餐厅配置好后，再将二层的楼梯延伸至一层。此时，布局的可能方案有很多，比如是否将用水区域集中在二层、是否需要在二层设置玄关等，因此要在草图上进行布局配置。

接着，将无法放入上屋的元素、或是一开始就打算放进下屋的要素加入进来，制作一层的布局。此时，从原则上来说，房间不得超出上、下两屋的框架。由于上屋外围有承担屋顶荷载的二层柱子和承担地板荷重的圈梁，所以在结构上，一层外围也有柱子比较好。如果客厅等大空间超过框架，就难免会出现结构上的不合理。此外，如果将房屋架构在室内露出，就会知道各部分构造的边界，上、下两分的露法也不好看。

像玄关、浴室、盥洗室、厕所这样1坪、0.5坪的小空间，由于柱子间隔1间，所以结构上没有不合理之处，只要屋顶方面没有问题，空间上即使超过上、下两屋的框架也没事。在后章中，我将介绍屋顶方面的相关内容。

01. 折角楼梯（3间×4.5间/总2层房屋）

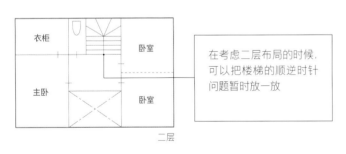

在考虑二层布局的时候，可以把楼梯的顺逆时针问题暂时放一放

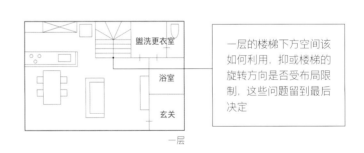

一层的楼梯下方空间该如何利用，抑或楼梯的旋转方向是否受布局限制，这些问题留到最后决定

02. 矩形回梯（3间×4.5间/总2层房屋）

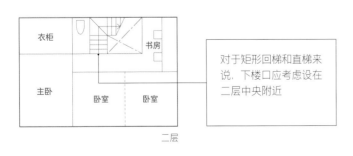

对于矩形回梯和直梯来说，下楼口应考虑设在二层中央附近

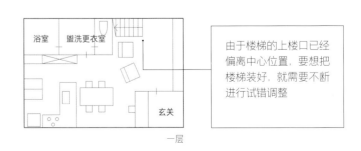

由于楼梯的上楼口已经偏离中心位置，要想把楼梯装好，就需要不断进行试错调整

03. 直梯（2.5间×4.5间）

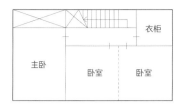

不要在狭窄的建筑中使用折角楼梯。
想象一下这样的画面：起始段为直梯，
然后逐渐过渡到矩形回梯

04. 南侧的矩形回梯（3.5间×4间）

如果房间排列在北侧，那么南侧的楼
梯与挑空组合在一起是最理想的方案

05. 倒转规划的楼梯和玄关（2间×4.5间/总2层房屋）

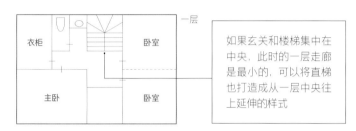

如果玄关和楼梯集中在
中央，此时的一层走廊
是最小的，可以将直梯
也打造成从一层中央往
上延伸的样式

基于道路和地皮的情况，玄关不一定
能设置在中央，但缩短走廊的意识还
是需要有的

如果是折角楼梯，就将
下楼口设在中央；如果
是直梯，就将下楼口设
在离中央稍远的位置

由于一层有一些标准样式，所以可以
将楼梯问题置后，先自由地考虑二层
客厅的问题

06. 上屋（一层部分）的布局

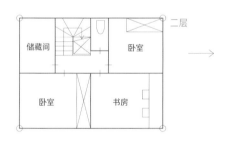

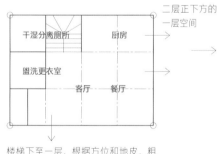

依照二层情况定好的楼梯会限制一层
的布局，如果一层布局进展不顺利，就
需要重新调整二层布局

楼梯下至一层，根据方位和地皮，粗
略分配空间；还需要注意二层厕所的
位置

对于二层正下方以外的部分，设计师需
要对该部分与地皮的关系、屋顶形状和
方向有所意识，与此同时去思考布局

07. 大空间超出二层外围的布局

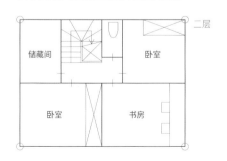

业主希望打造大空间，
没有留意二层外围，只
顾将客厅、餐厅扩大，
由此形成了这样的布局

从一层入手考虑布局的人，往往对二
层构造没有意识，这样一来，一层超出
二层外围的情况是不可避免的

10

添加下屋

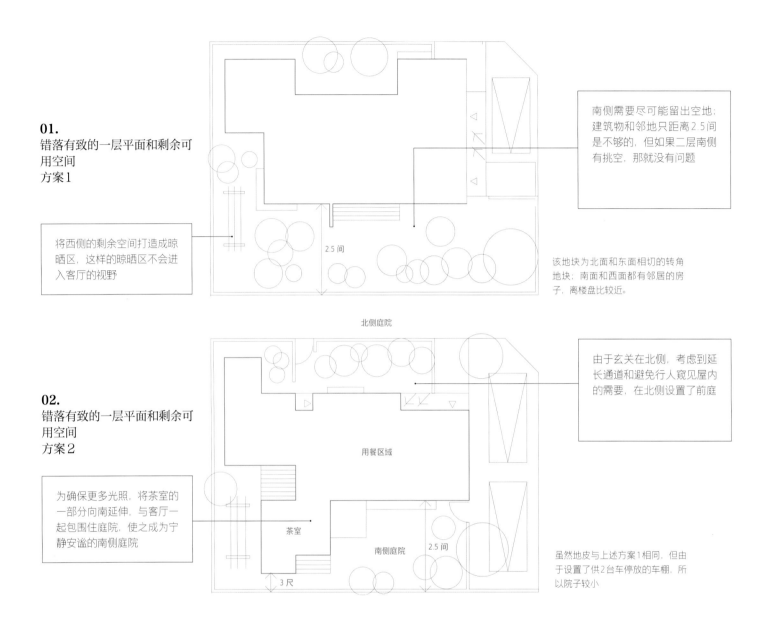

01.
错落有致的一层平面和剩余可用空间
方案1

将西侧的剩余空间打造成晾晒区，这样的晾晒区不会进入客厅的视野

南侧需要尽可能留出空地；建筑物和邻地只距离2.5间是不够的，但如果二层南侧有挑空，那就没有问题

2.5 间

该地块为北面和东面相切的转角地块；南面和西面都有邻居的房子，离楼盘比较近。

北侧庭院

02.
错落有致的一层平面和剩余可用空间
方案2

为确保更多光照，将茶室的一部分向南延伸，与客厅一起包围住庭院，使之成为宁静安谧的南侧庭院

用餐区域

茶室

南侧庭院

2.5 间

3 尺

由于玄关在北侧，考虑到延长通道和避免行人窥见屋内的需要，在北侧设置了前庭

虽然地皮与上述方案1相同，但由于设置了供2台车停放的车棚，所以院子较小

与二层不同，一层布局非常看重和外界的联系。在方正的总2层房屋中，一开始全是方正的布局设置，但对于带下屋的房子来说，可以通过下屋来控制调整与外界的联系。例如，如果为了挡住邻家或街道的视线而伸出下屋顶，那么二层和下屋围成的空间就会营造出宁静感。在这里建造木质露台，将室内与露台连接起来，就会形成一个户外客厅。此外，还可以根据道路和停车棚的位置，将玄关或便捷出入口设在下屋的位置，就可以使进门通道和主庭院、或是进门通道和室外家务空间（便捷出入口周围）分隔开。

像这样，通过用下屋打造凹凸有致的平面，就能赋予剩余可用空间以意义。同时，由于室内外的连接点增加，内外的空间连续性也变高了。相反，在矩形平面的情况下，由于室内外的边界被一条直线清晰地划分开，所以缺乏这种连续性。

此外，总2层建筑，尤其是方形建筑，往往会因其外形独特而从周围环境中脱颖而出。为使建筑与场地融合在一起，二层宜小，一层需尽可能打造得错落有致一些。

那么，我们来看看下屋的几种样式吧。第一种是将玄关和其附属的储藏间作为下屋部分。其最大的优点是，通过在玄关口立起廊柱或做出外隔墙，就可以很容易地做带顶棚的玄关门廊。有的房子只在玄关门的上方加了一块挡板，这是不可取的。另外，前廊的屋顶和车库可以规划为一体，这样车库和前廊可以有统一感。

03.
将玄关和用水空间
设置在不同下屋的布局

由于地皮宽度较窄，且受北侧斜线限制，所以将用水区域收在下屋，置于北侧

为使道路与大露台、庭院隔开，营造宽敞感，将下屋的玄关靠往西侧

由于这里是东南相接的优质转角路段，且房屋与东边的停车场隔道路相望，所以有种开放感

04.
将玄关和用水空间设置在
同一下屋顶处的布局

西侧的车棚在地皮开发时就定好了，在西侧预留了可以竖放两辆车的空间

为把庭院设在东南方，继而打造大露台，将玄关和用水区域合二为一，从西南方凸出

第二种是，将用水区域设置在下屋的样式。如果想利用二层空间来打造尽可能宽敞的客厅、餐厅和厨房，可将用水区域（浴室、盥洗室、厕所）设在外面，由此能获得2.5～2坪的面积。其优点在于，由于用水区域位于下屋，容易进行大规模改造。

第三种是，将和室设置在下屋的样式。将客厅、餐厅和厨房打造成连续空间的同时，由于和室往往处在与其他空间不即不离的位置，所以如果设在下屋，将其向前方或是侧方凸出，就会营造出不错的距离感。由于需要与二层外围相接，原则上来说，房屋开口以宽1间为宜，但如果结构上并无不合理之处，可加宽至9尺。不过，如果将和室向南侧露出，那么一

层的南面就会产生很多开口，因此千万要注意。这种不即不离的位置关系，尤其是对于供老人使用的客厅或卧室非常合适。

第四种是，将整个客厅、餐厅都设在下屋。这种布局最大的优点是客厅和餐厅变成了平房，就可利用平房的结构特点，营造出具有开放感的空间。而且，对比上屋，下屋面积的存在感会变得更大，因此易于打造出空间均衡的外观。此外，也可以只把客厅，或只把餐厅设在下屋，虽然这样可能会降低与其他空间的统一感，但它可为结构提供错落变化，例如只将下屋的客厅打造成斜顶棚或是封闭的静谧空间。

05. 将和室和玄关、用水区域设置在下屋的布局

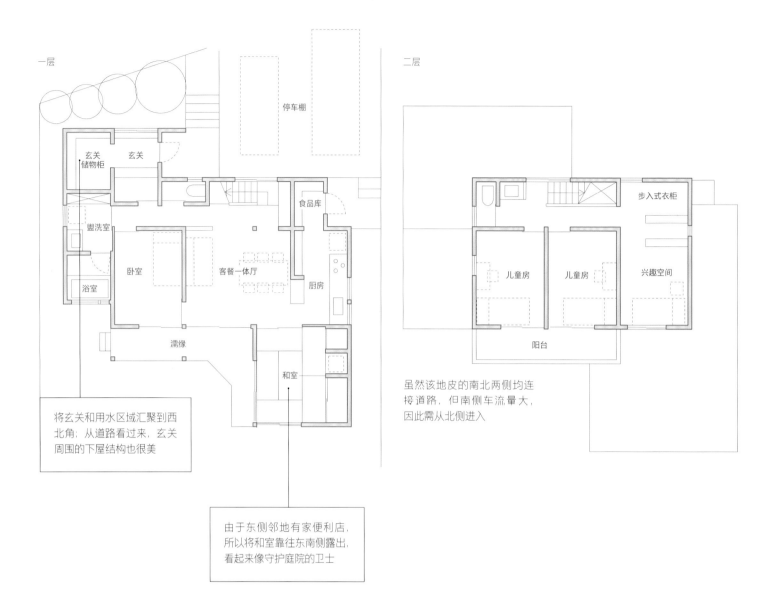

一层

二层

玄关储物柜 / 玄关 / 盟洗室 / 卧室 / 浴室 / 停车棚 / 食品库 / 客餐一体厅 / 厨房 / 濡缘 / 和室

步入式衣柜 / 儿童房 / 儿童房 / 兴趣空间 / 阳台

将玄关和用水区域汇聚到西北角，从道路看过来，玄关周围的下屋结构也很美

虽然该地皮的南北两侧均连接道路，但南侧车流量大，因此需从北侧进入

由于东侧邻地有家便利店，所以将和室靠往东南侧露出，看起来像守护庭院的卫士

06. 将客厅和餐厅设置在下屋的布局

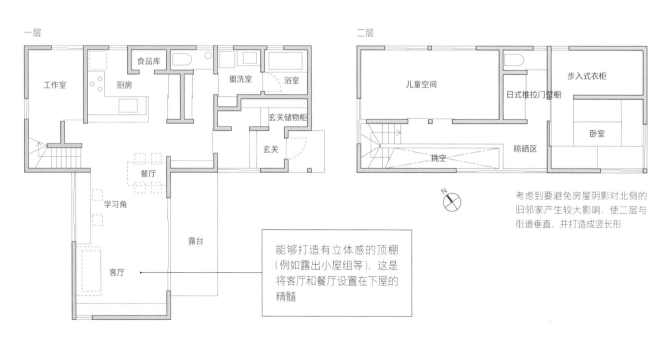

一层

二层

工作室 / 厨房 / 食品库 / 盟洗室 / 浴室 / 玄关储物柜 / 玄关 / 餐厅 / 学习角 / 露台 / 客厅

儿童空间 / 步入式衣柜 / 日式推拉门壁橱 / 卧室 / 挑空 / 晾晒区

考虑到要避免房屋阴影对北侧的旧邻家产生较大影响，使二层与街道垂直，并打造成竖长形

能够打造有立体感的顶棚（例如露出小屋组等），这是将客厅和餐厅设置在下屋的精髓

11

下屋屋顶的注意点

对于平屋顶的房子来说，只需考虑布局即可；但对于带斜顶棚的下屋来说，屋顶的打造方式非常重要。

首先要考虑"差掛屋顶"与上屋的关系。"差掛屋顶"是指上屋（二层部分）的墙壁与下屋的檐檩平行、椽子顺着上屋墙壁向上的样式。就像平屋顶一节中提到过的那样，由于屋顶高度取决于建筑进深和屋顶坡度，如果下屋处进深6尺、屋顶坡度4寸（约21.8度），如图所示，屋顶就会比檐檩高728毫米。再考虑到屋顶厚度的话，大约会高出880毫米；如果进深9尺、坡度4寸，则屋顶高出檐檩1,092毫米，屋顶升高约1,240毫米；如果进深2尺、坡度4寸，则高出1,456毫米，屋顶升高约达1,600毫米；如果下屋檐檩比二层地板低400毫米，屋顶就会比二层地板高出1,200毫米，那么二层窗户至少要高出地板1,400毫米。这对于用以采光的高窗，是没问题的，但由于这不是常见高度，需要特别留意。

此外，如果下屋进深9尺、坡度5寸，那么屋顶比檐檩高1,265毫米，抬高约1,510毫米；相反，如果进深9尺、坡度3寸，那么屋顶比檐檩高819毫米，只抬高约970毫米。像这样，如果使屋顶坡度变缓，对二层窗户的影响就比较小，但通过改变一、二层的屋顶坡度来进行调整应对的方式是不妥的，通过改变上、下屋的屋顶材料和铺装方式来"逃避"的做法更是傻到家了。由于整个房屋的屋顶坡度应该统一，如果下屋的进深比较大，或者想使下屋屋顶坡度变陡，那么其屋顶可能大到挡住二层的窗户，这点要注意。

接着，上、下屋的协调问题在调整房屋形状方面是非常重要的。如果单看布局，可能会觉得上屋和下屋的外墙线对齐较好，但事实并非如此。从外观上看，延伸至二层的大墙体在同一平面上被均分成两半，看起来不美观。最好将下屋往前或往后移动，错开平面，这样才会显得美观。

此外，当下屋是"差掛屋顶"时，如果上屋和下屋的墙壁对齐，那么下屋横墙一侧的屋檐就会凸出，形成"招屋顶"（一侧坡面长，一侧坡面短，形似倒扣的对勾）。如果是金属制屋顶，虽然形似将单坡屋顶对半切开的外观有些粗糙，不过也不是不可能；但如果是瓦片屋顶就行不通了。需要通过打造"招屋顶"，或是用绘振板（将屋顶挡板、屋檐等凸出部分挡住的厚板）挡住屋顶边缘，抑或是做出袖壁（又名"卯建壁"，垂直墙壁或柱子突出的短壁，用以防火、防噪音等）。如若可能，这几种遮挡方式都该避免使用，应该考虑打造一个横墙侧屋檐不从上屋边凸出的布局。

方法之一，将下屋的外墙放在上屋内侧3尺处。这样由于横墙一侧的屋檐边缘处于上屋的外墙线处，所以屋顶不会凸出。这种下屋屋顶对布局的影响也是微乎其微的，请大家记住并灵活运用。

另一种方法，是通过将下屋的外壁从上屋处凸出，把下屋屋顶的三角形斜面完全露出。由于凸出部分只有3尺，双坡屋顶就会很脆弱，所以露出1间以上为佳。此外，如果下屋进深为1间，基本做法是再往檐檩内侧留出1间的进深，这样就能形成对称的双坡屋顶。

如果上下屋的墙壁对齐，也可以改变屋顶朝向，使屋脊在一条直线上。这样既避开了"招屋顶"，同时由于屋檐边缘的水平线切分了上下屋，所以视觉上胜于"差掛屋顶"。但是，如果下屋的宽度或进深较小（3尺或1间），双坡屋顶就会显得脆弱。去除"差掛屋顶"、使屋脊处于同一水平线的这种做法，适合下屋进深9尺以上的房屋，而且也减少了此前提到的对于二层窗户的影响，可谓一举两得。

01. "差掛屋顶" 和上屋的关系

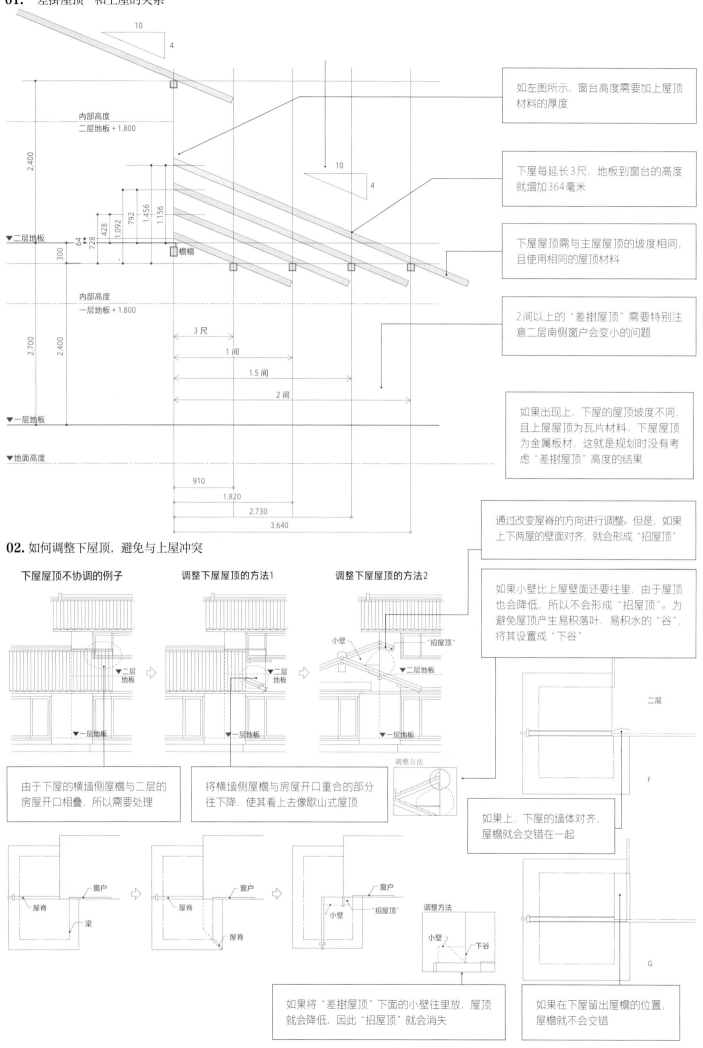

如左图所示，窗台高度需要加上屋顶材料的厚度

下屋每延长 3 尺，地板到窗台的高度就增加 364 毫米

下屋屋顶需与主屋屋顶的坡度相同，且使用相同的屋顶材料

2 间以上的 "差掛屋顶" 需要特别注意二层南侧窗户会变小的问题

如果出现上、下屋的屋顶坡度不同，且上屋屋顶为瓦片材料、下屋屋顶为金属板材，这就是规划时没有考虑 "差掛屋顶" 高度的结果

02. 如何调整下屋顶，避免与上屋冲突

下屋屋顶不协调的例子

调整下屋屋顶的方法 1

调整下屋屋顶的方法 2

由于下屋的横墙侧屋檐与二层的房屋开口相叠，所以需要处理

将横墙侧屋檐与房屋开口重合的部分往下降，使其看上去像歇山式屋顶

通过改变屋脊的方向进行调整。但是，如果上下两屋的壁面对齐，就会形成 "招屋顶"

如果小壁比上屋壁面还要往里，由于屋顶也会降低，所以不会形成 "招屋顶"。为避免屋顶产生易积落叶、易积水的 "谷"，将其设置成 "下谷"

如果上、下屋的墙体对齐，屋檐就会交错在一起

如果将 "差掛屋顶" 下面的小壁往里放，屋顶就会降低，因此 "招屋顶" 就会消失

如果在下屋留出屋檐的位置，屋檐就不会交错

第 **5** 章 打造宜居的房屋布局

37 DEVICES

如何做……

丰富房屋布局的秘诀

在第5章中，我们总结了实际打造布局时需要注意的要点。在总结了基本原则的第1～4章中，也有关于如何丰富空间的说明，如"家人聚集的场所""亲子间的联系点"等。但在这里，我们将讲到更具体的细节。

有关"用餐、休闲的空间"的内容，我们先来看看设计客厅时需要考虑的点，比如电视的放置场所、空间存量，客厅与和室的关系等。第1～2章中已经说明过客厅风格差异的相关内容，需要连同这点一起考虑。

第1章中对"家务空间"进行了解释，我们再来看其他的例子，比如食品库、家务活动轨迹、晾晒区域和洗衣活动轨迹等。

有关"待客空间"的内容，此章中我们将举对玄关和和室打造的例子进行说明，也会连同榻榻米客厅和茶室客厅，思考和室的日常使用方法。

"学习空间"在第1章中被解释为"亲子间的联系点"，这里将介绍了第1章中未提及的例子。

在有关"睡眠空间"的内容中，由于是基于实际整理出来的，应该有参考价值。

在有关"用水空间"的内容中，先不管那些可通过后天学习进行模仿的表面设计，我们先来看看布局设计方面的巧思，尤其是厕所的位置和入口非常重要。

在"储物空间"的内容中，我们先来看看调整布局和房屋外观时的思路。有些专门介绍具体储物技巧的书籍，因此这里就不赘述了。

本章中，既有对前述四章内容的补充，也有被称为"应用篇"的额外内容。这些内容都深入了生活细节，是调整宜居空间的窍门法宝。即使是在比例1∶100的平面图上思考布局，也需要将这些细节牢记于心，在脑海中描绘草图。

要点　**01. 与其追求明亮，不如欣赏景色——窗边的餐厅**

虽说家中最明亮的空间适合用作餐厅，但其实没那么明亮也没关系。我指的不是"把客厅打造成一个昏暗的空间"，而是限制窗户数量，打造一个能够享受美景的餐厅。不要执着于明亮的南侧，只要有一点景色，即使是东西侧，甚至是北侧都没关系。想享受大片景色就使用大窗户；如果视野中有多余的东西，就使用与桌同高的小窗户，或是正好框住风景的窗户，这会让美食都变得更加美味。

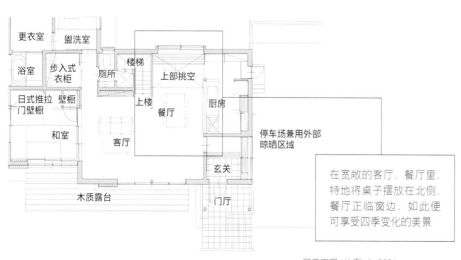

在宽敞的客厅、餐厅里，特地将桌子摆放在北侧，餐厅正临窗边，如此便可享受四季变化的美景

一层平面图（比例=1∶200）

地皮北侧的农田归父母所有，既没有建筑物，也无须在意旁人的视线

02. 考虑电视机的摆放位置

与很久以前不同的是，虽然电视逐渐失去娱乐项目的霸主地位，但我觉得还是有很多家庭会一起在客厅看电视。如果是这样，就要决定是在客厅看、在餐厅看，还是同时都可以看，以及电视的具体摆放位置。首先，如果外墙大部分是窗户，或者房子的墙体很少，电视的放置位置就比较麻烦。其次，电视如果放在客厅，而和室和餐厅设在客厅周围，就很难找到电视和沙发的摆放位置。如果客厅放置在东或西侧，南侧是房屋开口，就可以在东或西侧摆放电视；如果客厅在北侧，北面墙壁也可使用，因此无须发愁电视的摆放位置。

如上图所示，南侧是房屋开口，电视放在东侧。
由于后面没有窗户，所以间接照明很好

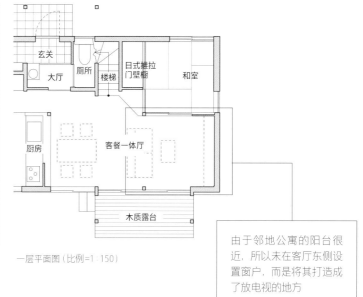

一层平面图（比例＝1 : 150）

由于邻地公寓的阳台很近，所以未在客厅东侧设置窗户，而是将其打造成了放电视的地方

03. 紧凑的客厅让人放松

对于餐厅来说，如果将餐桌摆放在中央，可以营造出一个有整体感的空间；但如果是过于开放的客厅，仅仅在房间中央放一套沙发，就会让人感觉有些不自在。在一个闭合的空间里，人靠墙而坐，才会感到放松。如果不是特别宽敞的客厅，过于封闭的空间会令人觉得狭小，但如果能在与餐厅布局保持统一感的前提下，营造出一个具有适度紧凑感的客厅空间是最好不过了。营造紧凑空间的方法有以下几种：1.将客厅搬离玄关和楼梯，设在靠墙的尽头；2.将客厅作为下屋的一部分突出主屋框架，与餐厅和厨房隔开距离；3.客厅和餐厅斜放，打造成葫芦形的连接方式等。除了以上几点，利用地板的高度差也是很有效的营造方法。如果只降低客厅地板，空间会变得更加紧凑；相反，如果把客厅地板抬高，就可以营造出一个像舞台一样的别样场所。

一层平面图（比例＝1 : 200）

客厅从南侧凸出，与餐厅和厨房拉开距离

前后都不会有行人通过，能够静下心来看电视

要点02 "电视机的摆放位置"也提到了，由于北侧设置大落地窗的情况比较少见，所以除了东西两侧的墙壁，北侧也可以很方便地放置家具，这是北侧客厅的一个优点。另外，由于客厅、餐厅和厨房不会并排设在北侧，如果将客厅设置在北侧，就能把它打造成一个紧凑的空间。从上述的两点角度来看，北侧客厅是最好的。但对于优先考虑明亮和冬季光照，以及想欣赏庭院美景或者向往户外的人来说，也许不太能接受这种布局。其实，房屋的北侧不一定是暗的，根据建筑宽度，南面来光到达北面的情况也是有的。而且，由于北侧庭院的花草会面向建筑，可以从室内眺望到庭院的美景。

一层平面图（比例=1 150）

由于房屋东侧和北侧离森林较近，东侧邻地有宽阔空地，所以将客厅和餐厅设置在东侧

由于北侧较易摆放家具，所以将客厅设置在离厨房较近的地方，把餐厅放在了南侧

要点　**05. 和室旁边的客厅，要注意家具的摆放位置**

如果要设置一间用作客房的和室，标准样式是将其设在客厅或餐厅旁边。但会有以下缺点：一是不容易营造客厅的紧凑感；二是家具的摆放位置会变得困难。克服此问题的方法之一是，在客厅与和室的连接处，应避免将房屋开口打造得过大。例如，如果房屋面宽是2间，那么就将房屋开口和墙壁对半划分；也可以将房屋开口设为1.5间、墙壁设为3尺，使墙面紧挨和室，这样就能确保足够的长度摆放家具。另一种方法是，在客厅和和室的隔断处设置墙裙，打造成无法进出的样式。如果墙裙为1米左右，就可以在前面放置沙发，因此也能营造紧凑感。如果是在一个房屋侧面设有进出口的设计，房屋布局的效果会非常好。

如果将隔断打造成墙裙，在营造出纵深视野的同时，也产生出了家具的摆放位置

如果将和室的推拉门完全打开，房间就会与客厅融为一体，这是个具有较大宽阔感的布局

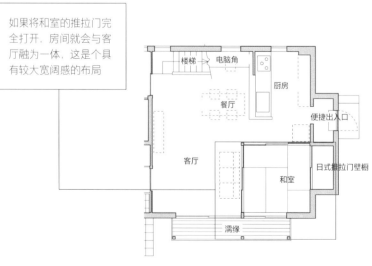

一层平面图（比例=1 150）

要点 **06. 令人眼前一亮的客厅里的小榻榻米角**

由于榻榻米客厅的视线高度与椅座客厅不同，如果选用榻榻米客厅，就会被旁边的餐厅"俯视"，令人很不自在。为避免这种情况，如果将榻榻米客厅的地板抬高300～400毫米，就能和座椅上的人的视线齐平对等。小榻榻米角样式的日式客厅是一个很受欢迎的方法，它既可以代替长椅供人坐下，地板下方的空间还能用来储物，比起使用率不太高的客房，平时可用作榻榻米客厅的这种用途更具意义。当很多亲戚朋友聚会时，如果只有餐厅，椅子数量就不够用了，而小榻榻米角上摆放的坐桌和餐厅的餐桌高度相同，因此可以顺利地打造出一个能容纳多人的餐桌，而且没有必要购买备用的椅子。

虽然平时是和餐厅融为一体的，但如果拉开纸拉门，榻榻米客厅在需要的时候，也可以改造成客房

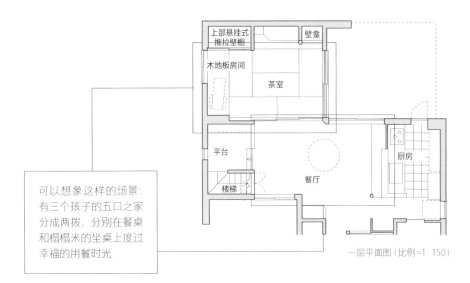

可以想象这样的场景：有三个孩子的五口之家分成两拨，分别在餐桌和榻榻米的坐桌上度过幸福的用餐时光

一层平面图（比例=1:150）

要点 **07. 方便上菜的侧面厨房**

面对面式厨房的好处是，可以一边看着眼前的餐厅，一边做饭。但由于需要来回走动，活动轨迹稍长了一些；相反，如果餐厅在厨房的侧方，活动轨迹就会变短，这种餐厅的功能性较强。如果是传统的餐厨一体型厨房，做饭时就会背向餐厅；但如果是横向并排的情况，比如厨房本身是面壁式的，那么就可以在面向客厅的同时，看见餐厅。这点与面对面式的厨房是不同的。

这种布局中较为特别的是，厨房和餐厅并列成一排的形状。由于厨房和餐桌被放在中央，所以很明显地，厨房就会变成"C位"，如果厨房的台面和餐桌的高度一致，那么"C位"效果就会更明显，而且如果用同一块桌板将它们统一起来，厨房的存在感就会更强烈。在这种情况下，可以通过降低厨房地板来统一高度，这样人站着时和坐着时的视线相同，因此如果想把餐厅兼用客厅，也是非常方便的。与面对面式厨房不同，由于从侧面可以看到厨房内部的情况，所以它可能不适合不善于打理厨房的人。

由于可以从厨房直线移动到餐桌，所以备餐和清洁打扫变得更加容易

一层平面图（比例=1:150）

虽然看起来厨房几乎是独立的，但如果把脸转到侧面，就可以看到餐厅

　　面壁式厨房似乎不太被人们所接受，或许是因为人们会联想到传统的"灶房"或餐厨一体的厨房样式。不过，由于纵深650毫米的水槽和纵深约700毫米的冰箱可以并排放置，所以与面对面式厨房相比，其优势在于没有浪费空间。此外，如果在面对面式厨房内设置吊柜，房间就会失去开放感，但如果是面壁式厨房，就可以毫无顾虑地安装。如果在背面（餐厅一侧）建一堵墙，就成了独立厨房；如果不划分空间，只是打造放置家电的吧台或工作台，就可以享受到双排式厨房的优点。比起面对面式厨房，这两种厨房样式的进深为200～300毫米，较为节省空间，因此在设计小户型或窄户型时，必然更为合理。如果在背面建墙或打造储物空间，餐厅就会变窄，因此可以在厨房侧边安装餐具柜和储物空间。不过，由于这并不是常见的尺寸，所以需要多花点心思。

由于水槽和抽油烟机附在墙面上，所以厨房也和客厅融为一体

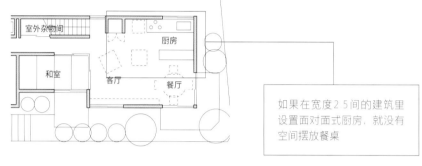

一层平面图（比例=1∶200）

如果在宽度2.5间的建筑里设置面对面式厨房，就没有空间摆放餐桌

　　对于有些人来说，厨房下面的储物空间、吊柜和背面储物柜就足够了，但如果再加上一个小食品库，那会更为便利。面积1叠也可，2叠足矣。可以将此空间打造成简单的构造，例如一组相向放置的可移动架，而且无须设置门。即使入口处没有门，也看不到房间的全貌，但如果用帘子或卷帘遮挡会更好。如果要设便捷出入口，务必要设在食品库内，不能直接设在厨房，因为便捷出入口处需要放置拖鞋等户外鞋类的泥地，如果厨房内设置具有高度差的泥地，就会很不安全。此外，如果是开放式厨房，这样一来，厨房的门就会完全暴露在客厅和餐厅的视野中，很不美观。可以在便捷出入口以外的地方也设下储物空间，如果能遮挡住行人和邻居的目光，那是最理想的。

将储物空间集中在厨房后面，在最里边设置便捷出入口。这样一来，倒垃圾也很容易

一层平面图（比例=1∶200）

带推拉门的餐具柜和食品库的架子排在厨房一侧，过道对面是电器储藏空间和垃圾分类的地方

要点　**10. 经由家务间的"环路"更为便利**

如果在厨房旁边设置家务间和盥洗更衣室，能从两个方向进出，会非常方便。例如，如果从玄关出发，可以不经由客厅直接进入家务间兼食品库到达客厅，那么即使没有便捷出入口，在购物或倒垃圾时也不会感到不便。另外，如果有一条有别于家庭日常使用的、从厨房到达更衣室的路线，就能缩短洗衣服、打扫浴室、检查供水的时间，非常便利。由于这样的"环路"意味着通道增加，所以储物空间会变少，这点需要注意。不过，对于注重效率的人来说，比如夫妻两人都在外工作的家庭，还是建议采用的。

从客厅进入盥洗室前会经过一扇便捷出入口，
可以从这里出去，到达晾晒区

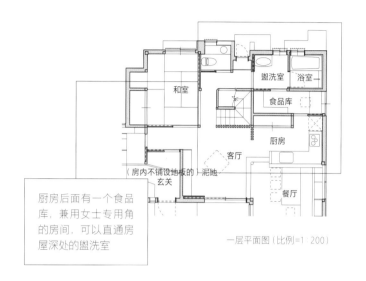

厨房后面有一个食品库，兼用女士专用角的房间，可以直通房屋深处的盥洗室

一层平面图（比例＝1：200）

要点　**11. 洗衣路线即晾晒路线**

因为是洗衣的活动轨迹，所以常听到的要求是让厨房和盥洗更衣室更靠近。它的优点是，孩子一个人洗澡的时候，父母在厨房就能关注到浴室的状况。但在这个全自动洗衣机成为主流的时代，已经很少需要一边做饭一边确认洗衣机的状况了。倒不如说，更重要的是为了缩短洗衣机与晾晒区的活动轨迹。如果盥洗更衣室（洗衣机）在一层，在庭院里晾晒衣物比在二层阳台上更方便；如果盥洗更衣室在二层，显然在阳台上晾晒衣物更合理。由于地皮条件和生活方式的限制，理想往往不能照搬进现实，但搬着湿衣物上下楼这样的做法还是应当避免的。由于晾晒区一般位于房屋的南侧，所以在布局设计上有一定难度，但将盥洗更衣室与晾晒区相邻是最方便的做法了。

打开盥洗室的门，会发现外面就有一个专门晾晒衣服的露台，
为了遮挡行人的视线，四周用木质遮挡格栅围了起来

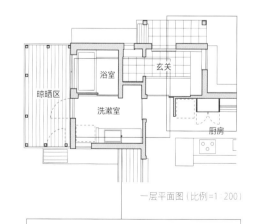

一层平面图（比例＝1：200）

由于房屋东西边略长，所以盥洗室和浴室也设在南侧。由于盥洗室和厨房挨得近，家务的活动轨迹无可挑剔

12. 能自在聊天的宽敞玄关

如果仅仅考虑家人的进出，那么玄关大小为2叠就足够了。平时房子里来来往往的人肯定不少，而且诸如收取快递和宅急便、邻居拿来通知传单等，在玄关接待客人的情况也不少。因此，如果在玄关设置一张长椅，用以替代鞋柜，即便是2叠的玄关也很宽敞，可以坐着和客人聊天。如果想打造一个大点的泥地空间，可以在泥地区域内放置椅子或桌子，打造成待客专用角，还可以在泥地区域的旁边设置一间兴趣屋（工作室、车库等），用来接待访客。

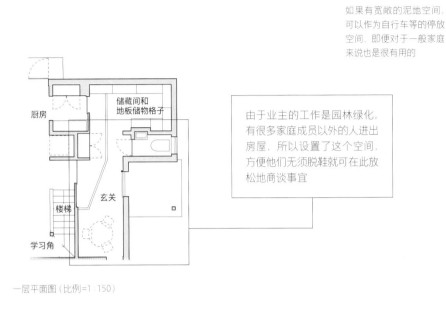

一层平面图（比例=1:150）

如果有宽敞的泥地空间，可以作为自行车等的停放空间，即便对于一般家庭来说也是很有用的

由于业主的工作是园林绿化，有很多家庭成员以外的人进出房屋，所以设置了这个空间，方便他们无须脱鞋就可在此放松地商谈事宜

13. 确保通风的北侧和室

如果和室用作备用空间，你自然会觉得，将它设置在南侧的主要空间里是种浪费的做法。因此，不可避免地，将其设在北侧的房屋样式就变多了。通常会将客厅和厨房设在南侧，厨房和用水空间并排在北侧，这是布局里的"多数派"。但如果和室在北侧，它的一个最大优点就是能确保南北向的通风。而且，这样一来，即使把客厅和餐厅的一部分作为过道也没问题，不过如果穿拖鞋，就不好穿过和室了。如果将和室放在建筑物中央，就需要在它的周围设置走廊，因此将和室设在东西两端或北侧是比较合理的。

一层平面图（比例=1:150）

虽然根据地区和地形的不同有所差异，但夏季的风大多都是自南向北吹的，因此，室内空间南北连续是非常重要的

理想情况下，备用的和室在打开纸拉门后，应该与客厅融为一体。北侧的和室在通风方面效果极好

要点 14. 在总2层房屋的二层设置4.5叠的客房

正如在第4章“总2层房屋”中写到的，当把客厅、餐厅、厨房和用水区域集中在一层时，客厅和餐厅的旁边就无法设置和室。如果确实需要和室用作客房，可以将其建在二层。但如果只是普通的和室，往往很少使用，所以可能成为闲置的储藏间。在这种情况下，如果将和室打造成一个适合一人独处的地方，就可以避免成为储藏间。可将它作为午休或禅修的安静场所，或是榻榻米式书房等适合“闭关”的空间。如第4章中提到的那样，与其将它定位成兴趣空间或是孩子的学习空间，不如保留它作为和室的特点并加以利用。

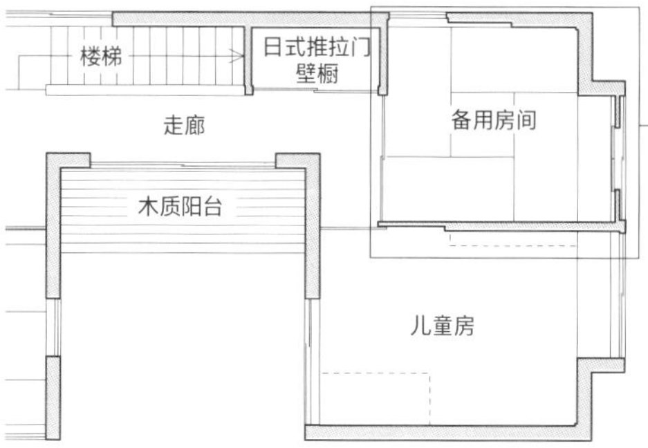

一层平面图（比例=1：150）

在二层打造备用房间时，特意将和室做成了令喜欢古建筑的业主心动不已的样式

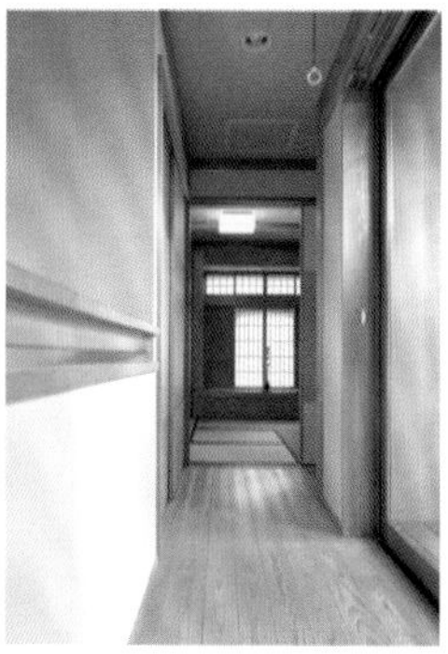

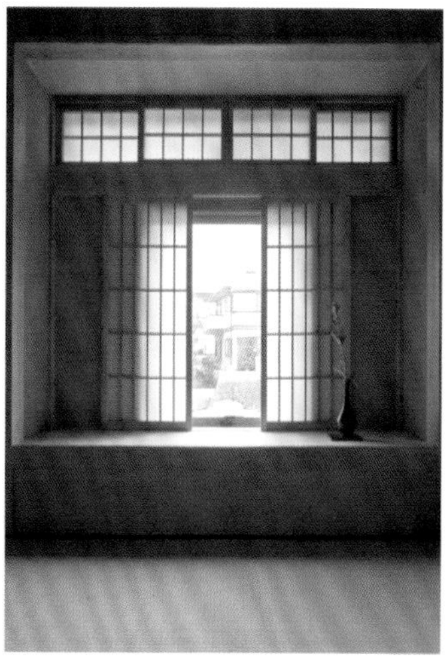

这个房间样式是在向被誉为“书院造”雏形的东求堂“都心斋”致敬，面积4.5叠

书院造：日本建筑风格的一种，室町时代至16世纪初期确立的住宅风格，是武家（武士）住宅的典型风格。

要点 15. 与客厅和餐厅隔中庭相望的别样茶室

对于除了用作客房外没有其他特殊用途的和室来说，应当追求它与客厅、餐厅的风格具有统一感，但如果是具有明确用途的和室，较好的做法是稍微将其独立出去。例如用作茶艺室，以及学习插花、书法等的教室，这都需要和客厅隔开距离。如果想设计一间正式的茶室，除了简易的清洗台，还需要为主、客分别设置两个不同的入口，这是标准茶室的布局。因此对于一般的家用住宅来说，如此这般的要求比较严格。不过，如果从客厅到庭院后，再经由檐廊，从落地窗进入室内，还是可以感受到茶室“贵客专用入口”的气氛。如果是小间茶室，还是要通过设置躏口（日式茶室中需要弯腰膝行进出的小门）来营造氛围。

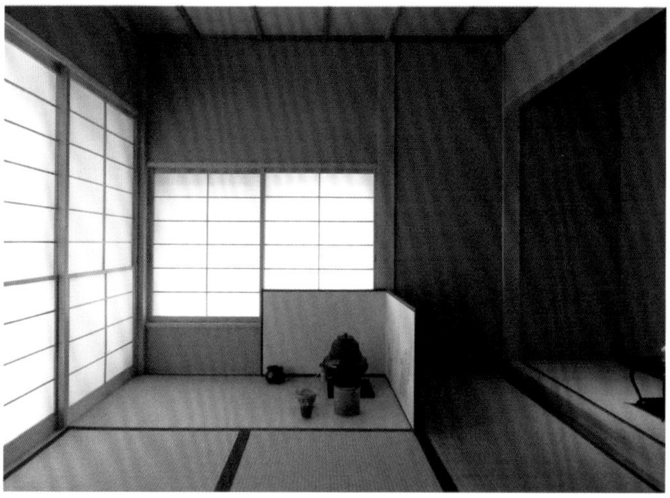

图为在夏季使用的小茶炉，房间里洋溢着安静的氛围

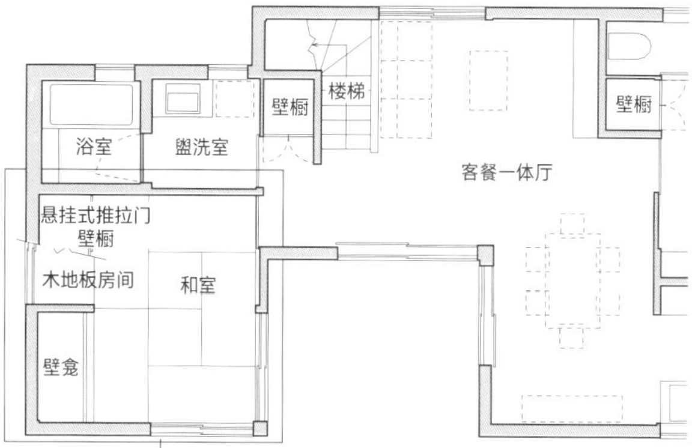

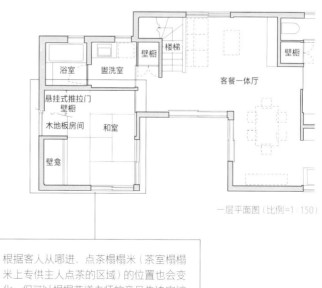

一层平面图（比例=1：150）

根据客人从哪进，点茶榻榻米（茶室榻榻米上专供主人点茶的区域）的位置也会变化，但可以根据茶道老师的意见先决定炉子的位置

16. 在客厅和餐厅附近设置学习角

即使是专门给孩子的房间，想让他在里头学习，也没有多少孩子能够集中精力、专心学习。通过打造一个能够方便家长关注到孩子的空间，来达成亲子间的沟通目的，孩子可以询问家长不懂的问题，或是和家长交流学校里遇到的事情。从这个意义上说，将学习角设在客厅和餐厅附近，是再合适不过的了。在饭桌上学习也是可以的，但是每次吃饭的时候都需要打扫卫生，非常麻烦，因此还是建议单独设立学习角。

如果有了学习角，即使到了用餐时，也无需收拾，将学习用具放在桌上即可

一层平面图（比例=1：150）

一般将电脑角放在客厅侧边，但如果打造一个长桌吧台，父母和孩子就可以共同使用

17. 自习室般的封闭空间

想打造一个方便集中精力学习或工作的空间，方法之一就是把这个场所封闭起来。如果用高约1,400毫米的墙壁将它围起来，孩子坐在椅子上，家长从客厅就看不见孩子的头。由于顶棚是连续且连接着的，所以在这个空间里也能感受到客厅的宽敞感。另外，还可以利用封闭的墙壁来打造书架，对于学习空间来说，堪称"顶配"了。如果你的客厅有足够空间，即使建一堵直抵顶棚的墙壁，将它独立成一个房间也没问题。在孩子小的时候这个房间可以用作兴趣空间，还能存放玩具；随着孩子成长后，再改造成学习空间。为了方便关注孩子，建议将客厅一侧的隔断打开，形成一体化的空间。

由于顶棚是连在一起的，所以这不算是个房间，但一旦走进这个学习角，就感觉进了一个单独的房间，可以在此集中精力学习

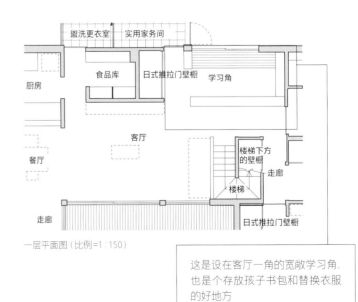

一层平面图（比例=1：150）

这是设在客厅一角的宽敞学习角，也是个存放孩子书包和替换衣服的好地方

要点　**18. 设置卧室窗户时要考虑风的流向**

　　有人认为，"卧室"顾名思义，就是只用来睡觉的房间；也有人把它看作是可以兼用兴趣空间的"独立房间"。如果白天要将它用作书房或工作空间，则需要足够亮度；如果只用作卧室，那么通风比采光更重要。由于通风需要入口和出口，所以首先要规划好两边的窗户。如有可能，窗户应放在相向的两面墙或是对角线上。但如果无法做到这一点，就要利用相邻的房间。例如，如果卧室北侧有一个步入式衣柜，可以在衣柜里开一个小窗，这样比在卧室里开两个窗户，更有利于空气流通。如果是儿童房，可以将房间南北并排，将隔断做成可开合的样式，或空出栏间，使空气可以从南侧的房间流向北侧的房间。即使附近没有合适的房间，只要把进出口打开，风也可以经由走廊，从盥洗室或楼梯的窗户穿过。在这种情况下，由于门开着容易碍事，所以需要设置成推拉门。夏天开，冬天关，这便是它的合理用法。

二层平面图（比例=1：200）

风从卧室的窗户流向储藏间的窗户，需要时刻对这种流向有所意识

这是个少见的例子：由于建筑进深2.5间，所以有个房间的两扇窗户相互面对

就如第2章中写到的，如果在8叠的空间里打造衣柜，正好可以放下两张床，卧室和儿童房相邻时，可以采用这个样式

要点　**19. 将夫妻卧室与儿童房分隔开**

　　理想情况下，夫妻卧室和儿童房应该分开，这点自然不必多说，因为夫妻卧室是住宅中唯一需要保护隐私的空间。常见样式是在二层中央设置挑空或大厅，将主卧与儿童房左右隔开。这样不仅在采光、通风方面效果好，而且私密性也不错。如果布局为卧室排在南侧，由于紧挨儿童房的可能性很高，所以在这种情况下，房间之间需要放一个日式推拉门壁橱或者衣柜，防止声音穿透。

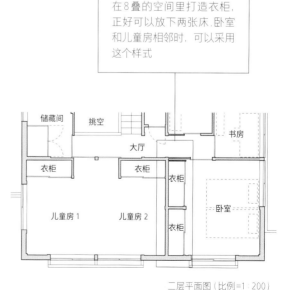

二层平面图（比例=1：200）

理想情况下，夫妻卧室应具有较高私密性，所以单扇推拉门可能还不够。在这种情况下，可以在卧室前打造一个"前厅"，把门做成需要二次打开的样式，这样私密性便可显著提高。虽说是"前厅"，但它不是专门的房间，现实情况下可以使用书房或步入式衣柜来充当这个角色。如果可以从侧边通过，书房就会让人感觉不自在，但又不想从步入式衣柜穿过，这样的意见固然存在，但更多情况是将其设在卧室的深处。不过，只要不是一间正儿八经的工作间，将其设为书房也是可以的，而且只要不从衣帽间的狭窄空间穿过，即使是从步入式衣柜经过也不会觉得难受。如果优先考虑私密性，建议将这类房间设在卧室前，形成双隔间。

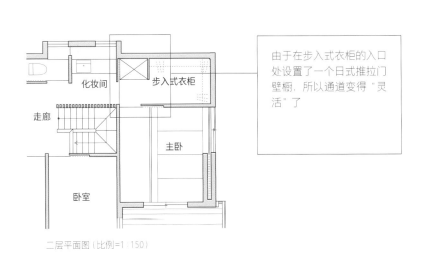

由于在步入式衣柜的入口处设置了一个日式推拉门壁橱，所以通道变得"灵活"了

二层平面图（比例=1：150）

将一整间房设成步入式衣柜，两扇推拉门增加了私密性

要点 **21.** 夫妻房间要分得"缓"

孩子长大成人后，如果有足够的空间，可将主卧一分为二，为夫妻双方各准备一间独立的卧室。即便是空间不够的育儿家庭，如果有人对声音和光线敏感，也可将夫妻房间分开，这可能是因为丈夫鼾声太大，妻子无法入睡；也可能是因为夫妻俩睡觉或醒来的时间不同，一个人打开的灯光会把另一个人弄醒。如果把面积6～8叠的主卧一分为二，每间房就只有3～4叠，但如果有储物空间，将其用作"卧室"应该没问题。如果觉得憋屈，可以通过建筑构件来打造可灵活开关的隔断，如此一来，单独使用一间面积不大的房间，也会觉得宽敞。对于育儿家庭来说，父母分房睡有可能对子女教育产生影响，而且夫妻俩年纪大了以后，身体不适时也需要互相照料。因此比起完全隔断的两间房，将房间打造成可一可二的变换型卧室较好。

隔断是三扇推拉门，如果开得足够大，就会变成一个房间

夫妻俩每人分到5.25叠房间，每个房间都有一个步入式衣柜

二层平面图（比例=1：150）

要点　**22. 需要日式推拉门壁橱或被褥架的榻榻米卧室**

　　无论年龄大小，比起床板，有不少人更喜欢被褥。把被褥收起来后，和室可用于多种用途，不仅户主白天可以休息，还能用作客房，房间虽小，好处却很多。但是，由于榻榻米卧室需要取收被褥，所以需要一个推拉门壁橱。如果设不了壁橱，可在卧室前面的走廊打造一个日式推拉门壁橱，或在储藏间（步入式衣柜）里安装一个被褥架。由于被褥架和壁橱一样，都需要750毫米的进深，所以储物效率会低一些，但是如前文所述，如果把储藏间作为前厅，被褥架前面就可用作通道。这样做既活用了空间，又没有浪费。

如果一出卧室就有个日式推拉门壁橱，这就和储藏间里的被褥架没什么区别

二层平面图（比例=1：200）

如果走廊有空间可以设置日式推拉门壁橱，这比在储藏间里设置被褥架更合理

要点　**23. 采光是最低条件**

　　在盥洗室、浴室、厕所里开窗采光，这是一种"健康"的做法。在与邻居只有一墙之隔的集体住宅中，由于只能在公共走廊和阳台设置窗户，所以无窗的用水空间是正常的。但如果是独栋住宅，用水空间里就不可能找不到地方开窗采光，除非有令人信服的理由，否则就是设计者的疏忽。如果不能沿着外墙设置用水区域，可将盥洗室和厕所放在一起，这种"集中型"是最简单的做法。如果布局做成了"隔断型"，房间最好使用玻璃或隔断墙。如果浴室和盥洗室之间的隔断整面都是玻璃材质，那么浴室的光线也能照到盥洗室。

厕所深处有个小窗，这是一般的样式

如果单独采光有困难，打造成"集中型"也是一种方法

24. 离卧室越近，早晚换衣就越容易

　　在一般的两层楼的房子中，大多数情况下，用水区域在一层，卧室在二层。但是在总2层房屋中，有将用水区域调到二层靠近卧室的情况。而且，客厅在二层的房子，卧室和用水区域集中在一层的样式也比较多。像这样如果在卧室附近设有盥洗室或浴室，早起换衣和睡前洗澡、刷牙等就都很方便。而且，步入式衣柜也在附近，即使盥洗室里没有放内衣和睡衣的空间，也无需担心。如果只有夫妻两人，甚至可以直接将其与卧室相连。由于不经由客厅就可以洗澡，所以无需担心出浴的"狼狈样"，即使有客人来，也不会产生压力。而且，由于老人经常半夜醒来上厕所，所以必须将厕所设置得离卧室近一些。

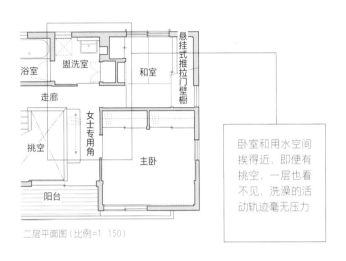

二层平面图（比例=1：150）

卧室和用水空间挨得近，即便有挑空，一层也看不见，洗澡的活动轨迹毫无压力

将盥洗室和浴室设置在二层的总2层房屋，洗完澡后裹着浴巾就可以直接回屋

25. 消除异味，让浴室更舒适

　　洗漱台和洗衣机并排放置的盥洗室的面积为2叠，是集洗漱、更衣、洗衣三大功能于一体的高效空间。不过，如果将"洗衣"功能去掉，就可以打造一个更宽敞的洗漱台，消除日常生活的异味，营造出干净高雅的环境。第一步是把洗衣机藏在盥洗室里。可以在洗衣机前面设一扇门，或设在隔断盥洗室里看不见的地方。第二步是将洗漱功能和更衣功能分开，把洗衣机放在更衣室里。由于盥洗室是独立的，家人在洗澡时也会使用，所以可以将入口处的门拆除，将其打造成开放式的洗漱角。第三步是将洗衣机搬到别的地方，比如厨房或家务间。虽然不能将脱下的衣服立马放入洗衣机，有些不方便，但对于习惯边洗衣服边做饭的人来说，却很方便，因为它缩短了做家务的活动轨迹。

大的方形洗漱台和鲜艳的蓝灰色条纹瓷砖，使盥洗室如同酒店一样

二层平面图（比例=1：150）

将洗衣机搬到了厨房侧边的储物间兼家务间，洗漱台的空间被扩大了

要点 **26.** 在浴室里设置一扇能够眺望院子的低矮窗户

如果去到农村，或许能看见这样的景象：风景优美，周围没有房屋。但你无法奢望，在普通的住宅区里也能找到这种"独一份"的好环境。即使房屋的某个方向能看到山，也会因为担心周围的灼热目光，需要极大的勇气才敢设置大窗或透明玻璃。不过，即便是在普通的住宅区，如果能从浴室里看到庭院的花草树木，也可以度过一段惬意的沐浴时光。所以，可以将浴室打造成朝南的样式，以眺望主庭院；也可以利用多余地皮来打造专门的私人浴场。虽然高窗较易挡住外部视线，但若将窗户调低，室内的视野不仅更具纵深感，还能眺望到庭院的景观。但相应地，需要制作围栏或格栅等遮挡物来遮挡周围的视线。

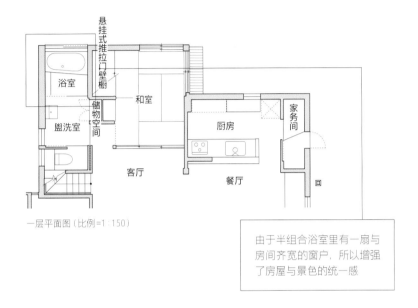

一层平面图（比例=1：150）

由于半组合浴室里有一扇与房间齐宽的窗户，所以增强了房屋与景色的统一感

日式庭院利用了屋后的野山，用竹篱笆围住以遮挡视线

要点 **27.** 厕所与客厅、餐厅和厨房的距离很重要

在以前的布局中，玄关、走廊、楼梯都在同一个空间里，走廊的一侧是客厅、厨房和餐厅，另一侧排列着厕所等用水空间。这种布局唯一的优点是，走廊在中间，可以隔开厕所和客厅、餐厅、厨房的距离。但缺点是走廊会阻碍通风，使屋里的温度差变大。另一方面，在以客厅为出发点考虑的布局中，一层（与客厅、厨房和餐厅同层）厕所的位置比较难处理。虽然将厕所和盥洗室设在一起，设计就会比较简单，但布局的基本思路是设置一条短走廊，以取得它与客厅、餐厅和厨房的距离。如果盥洗室和厕所前面有占地1叠的走廊，不仅可以遮挡住客厅、餐厅和厨房的视线，还能以最小面积的走廊，减轻厕所的瞩目度。这便是布局的精妙之处。

左侧靠里的墙壁不仅可以作为遮挡厕所的屏风，也可以放置钢琴，这样就同时打造出了放置钢琴的地方。

一层平面图（S = 1：150）

将宽1间的墙壁立在餐厅和用水区域的中间，做出1叠大小的走廊，遮住厕所和盥洗室的入口

28. 如果建不了走廊，就将厕所做成隔断式

如前文所述，通过将短走廊设在中间，可使厕所独立出来，这是个基本样式。但如果想节省走廊面积，或者在不方便设置走廊的情况下，可以用盥洗室或玄关代替走廊的位置。如果是需要经过盥洗室才能进入的厕所，家人洗澡时就很难使用；如果是需要经过玄关才能进入的厕所，家人在玄关待客时也很难使用，二者都存在缺点。但由于不便使用的时间较为有限，所以对于隔开客厅、餐厅和厨房来说，不失为一种有效的方法。如果还有另一个厕所，这种样式也没什么问题。

由于洗漱台也可以洗手，所以
可以省去厕所内的洗手台

由于建筑宽度很窄，且用水区域的入口只有一处，所以将其设置成经过盥洗室才能进入的隔断式厕所

一层平面图（比例=1:150）

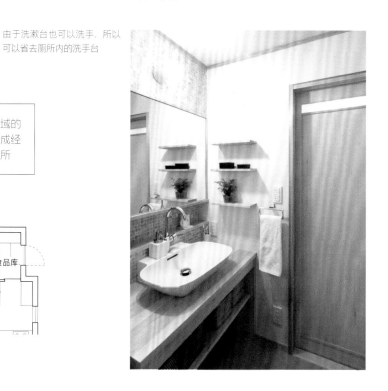

29. 去掉走廊时，要在厕所的位置和可见度上下功夫

如果房屋中间没有走廊，也不想打造成隔断式厕所，那么客厅、餐厅、厨房就会和厕所相接。在这种情况下，关键是打开门（推拉门）时要保证马桶不会被看见。如果入口正对马桶，由于会被"看光光"，因此需要将入口改在侧方。而且，要将马桶和房间进出口设置在无法从客厅、餐厅和厨房处看到的地方。当打开门时，目光会注意到厕所里的装饰架和时尚的洗手台，像这样让人感觉不出这是个厕所，便能获得很好的效果。而且，比起将厕所设在客厅和餐厅的侧边，还不如将其设在厨房的侧边，如此便可无需担心噪音问题。

厕所的入口与盥洗室、厨房的入口并排，没有走廊

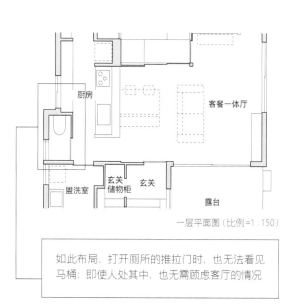

一层平面图（比例=1:150）

如此布局，打开厕所的推拉门时，也无法看见马桶；即使人处其中，也无需顾虑客厅的情况

如果是独居或者屋里只有大人居住，即使不像上一页中讲的那样，也没有关系。但在重视家人互动的客厅布局阶段中，可以去除走廊，将玄关直接与客厅相连。在这种情况下，即使空间很小，也要划出玄关的空间。如果没有划出玄关，客厅虽然会相应地变大，但玄关门一开，屋内情况就"一目了然"。而且在冬天，一旦开门，冷风就会吹进来。如果是没有走廊的布局，别忘了在玄关处设置挡风的门斗。

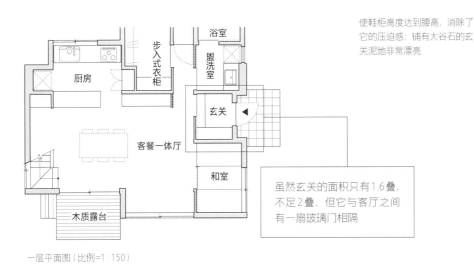

一层平面图（比例=1∶150）

使鞋柜高度达到腰高，消除了它的压迫感，铺有大谷石的玄关泥地非常漂亮

虽然玄关的面积只有1.6叠，不足2叠，但它与客厅之间有一扇玻璃门相隔

要点　**31.** 打造储藏室，在玄关迎客

即使玄关有鞋柜和壁面储物柜，但还是有许多家庭将伞架等户外用品摆放在玄关泥地处。为消除玄关的杂乱感，建议打造一个玄关储物间，也可称为"鞋柜"，但确切地说，应该叫"步入式鞋柜"。正如第2章所解释的，玄关储物柜的理想面积是1.5～3叠，可以设在泥地或地板上。如果有个储物间，就可以始终保持玄关的清洁和整齐。如此一来，即使有客人突然来访，也无需担心。还可以通过悬挂绘画、装饰鲜花，打造出一个迎客的温馨空间。

一层平面图（比例=1∶150）

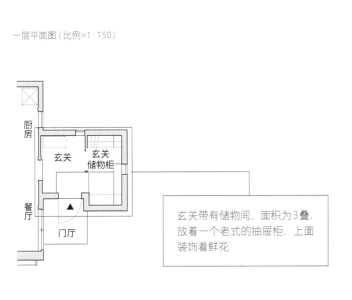

玄关带有储物间，面积为3叠，放着一个老式的抽屉柜，上面装饰着鲜花

由于从设计阶段起，就决定摆放老式抽屉柜，所以配合它的风格，将窗户（纸窗）做得窄一些

虽然在"家务空间"一章中，已经写过厨房和食品库的便捷出入口的相关内容，但如果还有不同用途的备用出入口，那将更为方便。首先是从盥洗室直接离开的便捷出口。不仅可以通过它到达阳台等晾晒区域，当你想不经过玄关、直接到达浴室的时候，例如，在孩子回家满身是泥，或是附近有大海，家人经常去泡海水浴的情况下，这扇门就非常好用。其次是可以进出车库的便捷出入口。对于视轿车、摩托车、自行车为珍宝的朋友，以及对车辆保养乐在其中的朋友来说，如果有扇门可以不用绕到外面，直接通往车库，想必肯定会很开心吧。还有是与同一地皮上的主屋（父母亲住的房子）相连的出入口。比起从这个玄关出去，再从另一个玄关进去的方式，有连接通道或是出入口的话更为便利。为此，需要提前考虑房屋的布局，假设它将在哪里与主屋相连。

出于可以通过楼梯走到地下半层，所以这里可以用作放垃圾的地方，非常方便

地皮比道路略高，道路一侧的车库像是半层深入地下的step floor风格

一层平面图（比例=1∶150）

要点　33. 靠近玄关的步入式衣柜

衣物的储藏空间通常位于卧室内或卧室旁边，但将其放在玄关（客厅）附近也很方便。尤其是对于孩子比较小的家庭来说，母亲目光可及且离玄关较近的步入式衣柜非常有用。虽说孩子长得快，只针对孩子的这种暂时性布置，家长在孩子长大之后会容易后悔，但它对于大人来说，也意外地好用。对于那些在室内一直穿着居家服的人来说，如果临出门前还要再回一趟二层换衣服，会非常麻烦。而且，外出归来的时候，还可以在步入式衣柜里换完居家服后，直接坐到餐桌上，无须再回到二层卧室。如果客厅在二层，卧室和衣物储藏空间在一层，那么回家时，自然是在一层换完衣服后再上到二层客厅。此外，如果家里不是每个房间都有衣物储藏空间，而是统一在一处，有这么一个父母孩子和兄弟姐妹共用的步入式衣柜，不仅方便收纳洗好的衣物，还可以实现衣物的自由借入借出，有很多灵活的使用方法。

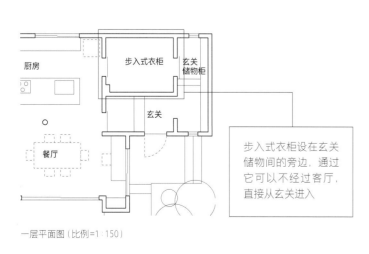

一层平面图（比例=1∶150）

步入式衣柜设在玄关储物间的旁边，通过它可以不经过客厅，直接从玄关进入

主要用于收纳丈夫的衣服，小孩子的衣服也可以放进去

如果将储物空间准备在使用场所的附近，无论是取出东西还是收拾柜子，在实际生活上都是非常方便的。但如果每个房间都安有壁面储物柜，成本将不可避免地增加；而且如果有壁面储物柜或嵌入式壁橱，当家庭成员发生变化时，就很难改造房间布局重新利用。如果打算住很长时间，建议尽量减少墙壁面储物柜，用储藏间取代即可。生活中能物归其位是最好的（一层用的东西放一层，二层用的东西放二层），因此可尽可能将各层的储藏间分开使用。但另一方面，对于难以改造的客厅和餐厅，建议使用嵌入式的壁面储物柜，用以收纳文具、常备药品、各类使用说明书、文件、邮件等杂物。如果客厅周围没有储物空间，最后你就会发现电视柜或餐桌上堆满了东西。

将面对面式厨房靠近餐厅的一侧打造成了嵌入式储物空间

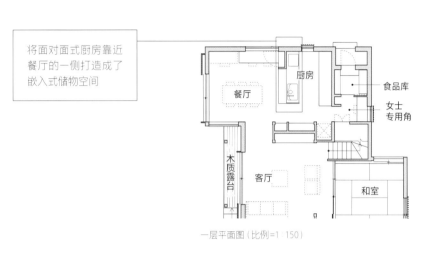

一层平面图（比例=1 150）

与厨房的餐具柜统一风格，将门和抽屉也打造成木纹理的样式，是个赏心悦目的储藏空间

要点　**35.收起空调，让空间更美**

家电是生活的必需品，但过于锃光瓦亮的家电会显得与屋内氛围不搭。因为冰箱和洗衣机，位于厨房和盥洗室这类固定区域，并不那么显眼，但客厅和和室的空调却相当显眼。因此，如果在空调前面安装格栅用作遮挡，或使安装空调的地方内凹，让空调不顶出来，就不会破坏屋内的氛围。在客厅和餐厅，如果把壁面储物柜的一部分作为安装空调的地方，空调就可以以一种更自然的方式隐藏起来。在和室中，通常会在推拉门壁橱的顶部做一个凹槽来收纳空调，并插入配件格栅。在卧室内，会将空调安装在相邻的步入式衣柜里，使空气通过进出口被排出。如此一来，就无需担心管道和空调外机的位置，这是种一箭双雕的方法。

左上图：由于这是个带有壁龛的榻榻米房间，所以可以将空调藏在日式推拉门壁橱上方，加入格栅门。
左下图：将空调安装在卧室的衣柜里，推拉门的上半部分被做成了格栅。
右图：将空调和排气式暖炉安装在客厅的壁面储物柜里，隐藏了起来。

提到"杂物间",或许很多人想到的是设置在房屋周边的空隙里的钢质杂物间。如果是设置在房屋后面、从街道上目光不可及之处,这也是一种方法。要避免将它草率地放在道路一侧,或是显眼场所的做法。最好的设置方式是使外墙的一部分内凹,打造出杂物间,与房屋融为一体。例如设在玄关门厅处的小自存仓、便捷出入口的门厅周围的储物空间、利用露台地下空间的杂物间、车库棚子内部的置物处等。与建筑融为一体且不起眼的杂物间具有强大力量,能够改变旁人对于房屋外观的印象。

由于杂物间带有屋顶,且与房屋中间设有通道,所以成为房屋的一部分,门边的木板围栏和房屋风格也很协调

一层平面图(比例=1∶150)

杂物间背靠道路,用木板围了起来

提起木质住宅的"车库",你或许会想到用铝和聚碳酸酯制成的现成标准车库。但在多雪地区,却有很多像钢制杂物间那样的车库。虽然这样的车库起到了遮挡雨雪的作用,但遗憾的是,它与我们建造的房屋不协调。在多雪地区,车库的屋顶是必不可少的,但在其他地区,没有屋顶的车库则是更好的选择。为了使车库和房屋相协调,房屋的屋顶、材料和形状都需要与之匹配。如果屋顶对齐,即便是个独立的车库也会显得很和谐,而且车库与房屋相连,不仅会产生统一感,而且还会美化建筑的形状。

双坡屋顶的三角形斜面和下屋顶的屋檐处在同一水平线上,营造出了比例均衡的房屋外观

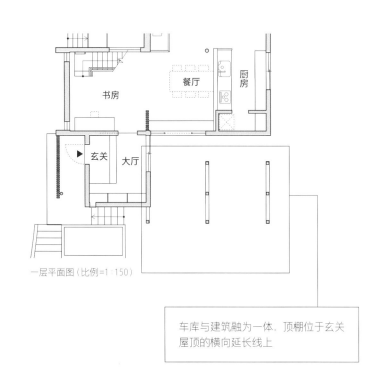

一层平面图(比例=1∶150)

车库与建筑融为一体,顶棚位于玄关屋顶的横向延长线上

后记

在我加入之前，神奈川生态屋就已经是与桂二老师渊源颇深的公司。在这里，我们接受了桂二老师的教导，在尊重当地气候和传统风俗的前提下，用健康的材料打造着一个个美丽的房屋。公司为我们提供了合适的环境，以便将师父的教诲付诸实践，让我觉得这一切都如同是命运的安排。

本次项目始于我与建筑知识建筑工人编辑部的山崎润市先生的谈话。项目比原计划多花了1年时间完成，在我延迟交稿时，山崎先生对我依旧耐心，这点令我十分感激。此外，也多亏了选择我们公司的各位客户，我才能够在书中写下如此丰富的案例。在此，我想向各位客户，以及在房屋设计和施工管理中支持我的每一位公司同事，表示衷心的感谢。

2018年3月 岸未希亚

岸未希亚 | KISHI MIKIA | 1971年出生于横滨。一级建筑师。1994年毕业于早稻田大学理工学院建筑系，1996年在该校完成硕士课程（主修建筑史）。1996年至2009年，在连合设计社市谷建筑事务所工作，师从已故建筑师吉田桂二。后来在吉田桂二创办的"吉田桂二木建筑学校"担任讲师，为来自日本各地的建筑专业学生，讲授住房设计的入门知识。2009年加入神奈川生态屋公司，现任该公司的董事长一职。除了主要在东京和神奈川从事房屋建造工作，他还担任附属公司地球设计工作室（Earth Design Office）的所长，在全国范围内设计房屋、发表演讲和举办研讨会。主要著作有《布局和结构的教科书》（与吉田桂二合著，由X-Knowledge出版社出版）。